Kunstharz

-Preßteile -Spritzteile

Phenoplast Bischoff & Co. Kom.-Ges. Eberswalde

Kunstharz-Preß- u. Spritzwerk   Fernruf: Sammel-Nummer 2455

Formen-Sonderkonstruktionen

Fertigung von

Preßteilen aus Phenoplast, „Bakelite", Pollopas u. a. m.

Spritzteilen aus Trolit, Trolitul, Plexigum u. a. m.
für alle Zwecke nach Zeichnung oder Muster

Besonders leistungsfähig bei großem Mengenbedarf

Techn. Büro: Sachberatung bei Übergang von anderen Werkstoffen auf Kunstharz aus heimischen Rohstoffen.

Schopper Prüfmaschinen

und Meßgeräte für

Stahl u. Metalle

Preßstoffe

Gummi

Textilien

Papier u. Pappe

Louis Schopper
Leipzig S 3

Fabrik für Werkstoffprüfmaschinen u. wissenschaftliche Apparate

---

ELOXAL
DRP.

Oberflächenveredelung von Aluminium

und seinen Legierungen. Der ideale Baustoff für alle Zwecke. Für Maschinen-, Schiff-, Flug- und Fahrzeugbau. Unbedingt korrosionsfest, seewasser- und klimabeständig.

Eloxal- und MBV-Verfahren

Metalloxyd G.M.B.H. BERLIN O 17 Alt-Stralau 54/55   Ruf: 55 52 61

Zweigbetriebe: Köln-Bickendorf, Takustr. 95. Julius Chr. Buchholz, Hamburg-Bahrenfeld, Apenrader-Str. 4

HÄRTEPRÜFER ORIGINAL ROCKWELL
Über alle Welt verbreitet

M. KOYEMANN NACHF. PUCHSTEIN & CO.
DÜSSELDORF

Für die **Materialprüfung**

- Brinellpressen
- Skleroskope
- Rockwellpressen
- Taschen-Härteprüfer
- Forschungs-Mikroskope
- Pyrometer
- Meßwerkzeuge

liefert schnell u. zuverlässig

„IBA" Industriebedarf K.-G.
BERLIN NW 87 / WALDSTRASSE 231

Korrosionstabellen metallischer Werkstoffe
geordnet nach angreifenden Stoffen
Von
Dr. Ing. **Franz Ritter,** VDI
V, 193 Seiten. 1937. Gebunden RM 19.80

Inhaltsverzeichnis: Anleitung zur Benützung der Tabellen. — Werkstoffverzeichnis. — Korrosionstabellen. — Anwendungsmöglichkeiten von Austauschwerkstoffen. — Nomogramm zur Ermittlung der Angriffszahl.

S P R I N G E R - V E R L A G   W I E N

Wir bauen und liefern
Prüfmaschinen und Prüfgeräte
nach den
Deutschen Normen für Portlandzement, Eisenportlandzement und Hochofenzement (DIN 1164, 1165, 1166)
Bestimmungen des Deutschen Ausschusses für Eisenbeton (DIN 1045/48)
Vorschriften für die Prüfung und Lieferung von Asphalt und Teer (DIN 1995/96)
Anweisungen für Mörtel und Beton (AMB) und
Anweisungen für die Abdichtung von Ingenieurbauwerken (AIB) der Deutschen Reichsbahngesellschaft
Richtlinien für Fahrbahndecken der Reichsautobahnen und anderen in- und ausländischen Vorschriften

CHEMISCHES LABORATORIUM FÜR
TONINDUSTRIE
PROF. DR. H. SEGER & E. CRAMER KOM.-GES.

ABT. PRÜFMASCHINENBAU
BERLIN NW 21, DREYSESTR. 4.

WISSENSCHAFTLICHE ABHANDLUNGEN
DER DEUTSCHEN MATERIALPRÜFUNGSANSTALTEN

FRÜHER: SONDERHEFTE DER MITTEILUNGEN DER DEUTSCHEN MATERIALPRÜFUNGSANSTALTEN

II. FOLGE   HEFT 2

METALL-KORROSION IM BAUWESEN

HERAUSGEGEBEN VOM

PRÄSIDENTEN
DES STAATLICHEN MATERIALPRÜFUNGSAMTS
BERLIN-DAHLEM

MIT 112 BILDERN IM TEXT

AUSGEGEBEN AM 26. September 1941

BERLIN
SPRINGER-VERLAG
1941

ISBN 978-3-7091-5897-5   ISBN 978-3-7091-5947-7 (eBook)
DOI 10.1007/978-3-7091-5947-7

INHALT

O. Bauer † und G. Schikorr, Großversuche über das Rosten von gekupfertem Spundwandstahl . . . 1

G. Schikorr und K. Alex, Über die Verrostung alter im Wasser- und Tiefbau verwendeter Eisenteile . . . 17

E. Deiß, Das Verhalten des Zinks an Bauwerken gegenüber atmosphärischen Einflüssen . . . 31

E. Deiß, Zinkkorrosionen und konservierende Nachbehandlung von Pappdächern . . . 46

G. Schikorr, Einige Zerstörungserscheinungen an Aluminium, Eisen und Zink in Mauerwerk . . . 51

GROSSVERSUCHE ÜBER DAS ROSTEN VON GEKUPFERTEM SPUNDWANDSTAHL

Von **Oswald Bauer** † und **Gerhard Schikorr**

A. Ziel der Untersuchung

Ein geringer Kupfergehalt (etwa 0,2%) kann bekanntlich unter gewissen Bedingungen die Korrosion von Stahl herabsetzen. Eine solche Korrosionsverringerung tritt z. B. häufig beim atmosphärischen Rosten ein (im besonderen an Industrie-Atmosphäre). Auch beim Angriff von Säuren auf Stahl ist dieser günstige Einfluß des Kupfergehaltes mitunter eindeutig vorhanden. Unter gewissen anderen Bedingungen hingegen (besonders beim Angriff durch Salzlösungen) wurde eine Steigerung der Korrosionsbeständigkeit durch einen Kupfergehalt des Stahls nur selten beobachtet.

Auf Veranlassung des früheren preußischen Handelsministers wurden vom Staatlichen Materialprüfungsamt Berlin-Dahlem (MPA) im Jahre 1927 umfangreiche Versuche eingeleitet mit dem Ziele, festzustellen, wieweit sich der Kupfergehalt des Stahles unter den Bedingungen günstig auswirkt, denen Spundwände aus Stahl ausgesetzt sind. Die Versuche wurden in stetiger Zusammenarbeit mit der Dortmund-Hörder Hüttenverein A. G. (vormals: Vereinigte Stahlwerke A. G., Dortmunder Union) vorgenommen. In dem ersten Teil der Untersuchung wurden die Verhältnisse in Laboratoriumsversuchen geprüft. Die Ergebnisse wurden veröffentlicht in einer Arbeit von O. Bauer, O. Vogel und C. Holthaus: „Der Einfluß eines geringen Kupferzusatzes auf den Korrosionswiderstand von Baustahl" (Mitteilungen der deutschen Materialprüfungsanstalten Sonderheft XI. 1930). Die Ergebnisse entsprachen dem oben Gesagten.

Als 2. Teil wurden Versuche im Großen ausgeführt, bei denen Spundbohlen-Abschnitte unmittelbar den Bedingungen ausgesetzt wurden, denen Spundbohlen in der Praxis unterliegen. Die Auftraggeber der Untersuchung waren anfangs der preußische Handelsminister, später der Reichsverkehrsminister. Über diese Versuche wird im Nachstehenden berichtet.

Die Untersuchung wurde unter O. Bauer (†) eingeleitet, unter O. Vogel bis 1931 fortgesetzt und vom Verfasser dieses Berichtes vollendet.

B. Probematerial

Die Versuchsproben waren Spundbohlen-Abschnitte von 80 cm Länge, die von der Dortmund-Hörder Hüttenverein A. G. zur Verfügung gestellt wurden. Das Profil der Abschnitte ist in Bild 1 dargestellt. Die Kennzeichnung der Proben geschah durch an verschiedenen Stellen angebrachte Löcher und Kerbe. 8 verschiedene Stähle wurden verwendet, und zwar je 4 Stähle St 37 und St 50/60 mit steigendem Kupfergehalt. Bei allen Proben war die Walzhaut noch vorhanden.

Vom Laboratorium der Dortmund-Hörder Hüttenverein A. G. wurde eine Werkstoff-Untersuchung ausgeführt, nach der die in diesem Abschnitt genannten Eigenschaften der Stähle angegeben sind.

Die Analysen der Stähle sind in Zahlentafel 1 wiedergegeben.

Zahlentafel 1. Chemische Zusammensetzung der untersuchten Stähle

Bezeichnung	% C	% Mn	% P	% S	% Cu
St 37$_{00}$	0,16	0,78	0,087	0,032	0,06
St 37$_{03}$	0,13	0,54	0,070	0,028	0,30
St 37$_{06}$	0,12	0,55	0,058	0,030	0,75
St 37$_{10}$	0,12	0,57	0,073	0,026	1,12
St 55$_{00}$	0,24	0,65	0,08	0,026	0,06
St 55$_{03}$	0,20	0,63	0,053	0,025	0,29
St 55$_{06}$	0,19	0,63	0,068	0,026	0,61
St 55$_{10}$	0,22	0,71	0,060	0,024	0,98

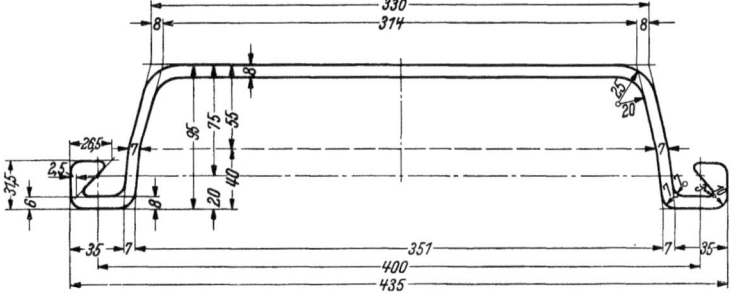

Bild 1. Spundbohlenprofil

Zahlentafel 2. Mechanische Eigenschaften der Versuchsstähle[1]

Stahl	Entnahmestelle	obere Streckgrenze in kg/mm²	untere Streckgrenze in kg/mm²	Bruchgrenze in kg/mm²	Dehnung in %	Einschnürung in %	Spez. Schlagarbeit in mgk/cm²	Kernzone Brinellhärte 750/5
St 37$_{00}$	St	32	30	48	23	44	7,8	142
	Fl	32	32	49	24	45	7,2	138
St 37$_{03}$	St	32	32	50	24	48	8,4	147
	Fl	34	33	48	24	47	8,2	146
St 37$_{06}$	St	35	34	49	24	41	7,8	145
	Fl	34	33	48	23	44	8,1	148
St 37$_{10}$	St	31	30	45	22	45	6,5	143
	Fl	31	30	44	24	44	7,0	138
St 55$_{00}$	St	38	36	59	22	36	7,4	190
	Fl	39	38	55	18	41	7,8	155
St 55$_{03}$	St	39	37	59	23	44	7,7	166
	Fl	41	38	61	17	41	8,0	164
St 55$_{06}$	St	40	38	59	22	40	6,9	163
	Fl	39	37	59	17	40	7,6	164
St 55$_{10}$	St	42	40	59	18	40	6,0	189
	Fl	42	40	60	20	36	6,4	180

[1] Mittel von je zwei Proben, die den Spundwandabschnitten im Anlieferungszustand aus dem Steg (St) und dem Flansch (Fl) entnommen waren.

Die mechanischen Eigenschaften sind in Zahlentafel 2 zusammengestellt. (Die Zugversuche wurden an Proportional-Flachstäben ausgeführt, die Bestimmung der spe-

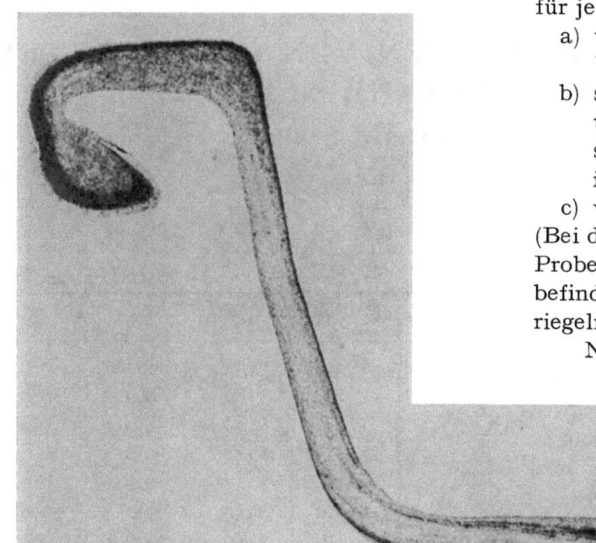

Bild 2. Baumann-Abdruck eines Abschnittes aus St 55$_{00}$

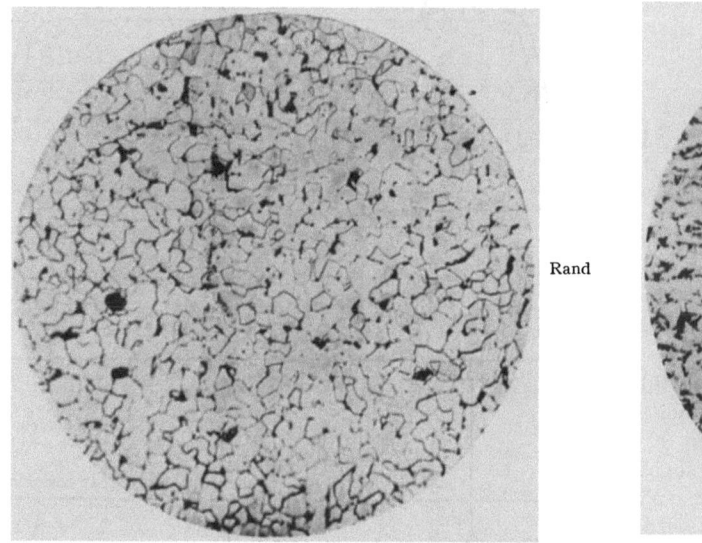
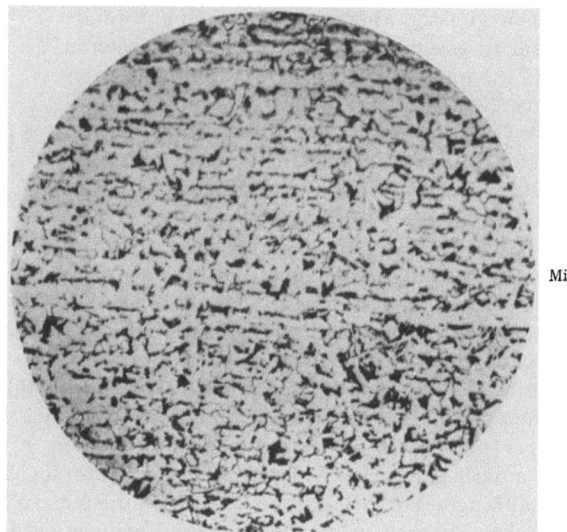

Bild 3 und 4. Gefüge eines Spundbohlen-Abschnittes aus St 37$_{03}$
[1] V = lineare Vergrößerung.

zifischen Schlagarbeit an Proben von der Größe $8 \times 10 \times 100$ mm^3.)

Für die metallographische Untersuchung wurden von Abschnitten jeder Stahlart Schliffe hergestellt.

Der Baumann-Abdruck zeigte bei St 37$_{00}$, St 37$_{03}$, St 37$_{06}$, St 37$_{10}$, St 55$_{00}$ normale Steigerung, bei St 55$_{03}$, St 55$_{08}$, St 55$_{10}$ schwächere Steigerung (vgl. Bild 2).

Die Mikrountersuchung von ungeätzten Schliffen ergab bei allen Stählen einen normalen Gehalt an nichtmetallischen Einschlüssen, die in Form von feinen Schlakkenadern vorhanden waren.

Nach der Ätzung zeigte sich bei allen Stählen ein Perlit-Ferrit-Gefüge, das in der Mitte der Abschnitte Zeilenstruktur annahm (vgl. Bild 3 und 4).

C. Versuchsausführung

Die Versuchsproben wurden in Anwesenheit eines Angehörigen des MPA. im Laboratorium der Dortmund-

Hörder Hüttenverein A.G. gewogen und nach Emden, Rügenwalde, Helgoland und Berlin gesandt, wo sie eingebaut bzw. eingegraben wurden. In jedem Ort wurden 18 Proben jeder dort geprüften Stahlart verwendet, wobei für je sechs die folgenden Lagerungsarten gewählt wurden:

a) waagerechte Lagerung, Proben dauernd ganz unter Wasser;

b) senkrechte Lagerung, Proben halb in Wasser eingetaucht (in Helgoland im Bereich des Wasserwechsels, so daß sie bei Ebbe ganz an der Luft, bei Flut ganz im Wasser waren);

c) waagerechte Lagerung, Proben im Boden vergraben.

(Bei den waagerechten Lagerungen war die hohle Seite der Proben nach unten gekehrt. Die Befestigung der im Wasser befindlichen Proben erfolgte in allen Fällen mit Holzriegeln in hölzernen Flößen oder Gestellen.)

Nach 2, 4, 6 und 8 Jahren Versuchsdauer wurden die betreffenden Proben ausgebaut, dem Aussehen nach beschrieben, nach Dortmund gesandt, mit Sparbeize-haltiger Salzsäure[2] entrostet, mit heißem Wasser abgespült und nach Trocknen in Gegenwart eines Angehörigen des MPA. zurückgewogen. Die Proben von 8 Jahren Versuchsdauer wurden dem Aussehen nach beschrieben, auf Tiefe der eingefressenen Löcher untersucht und zurückgewogen. Einige besonders bemerkenswerte Proben wurden dem MPA. übersandt und dort noch eingehender untersucht. Über die einzelnen Versuchsorte ist das Folgende zu sagen:

1. Emden (Brackwasser)

Emden wurde als Ort mit Brackwasser gewählt. Die Versuchsflöße, in denen die betreffenden Proben angebracht waren, befanden sich im Außenhafen. (Bild 5 zeigt

---
[2] Wie Blindversuche ergaben, war der Angriff dieser Säure auf die Proben so gering, daß er neben den Schwankungen der erhaltenen Werte vernachlässigt werden konnte.

die im Wasser schwimmenden Flöße.) Die für den Boden bestimmten Proben waren etwa 30 m vom Ufer des Außenhafens entfernt in den dort befindlichen moorigen Boden in etwa 60 cm Tiefe vergraben, so daß sie bei Hochwasser im Grundwasser lagen. Die chemische Untersuchung des Bodens ergab das Folgende.

Bild 5. Versuchsflöße in Emden

Äußere Beschaffenheit:

Nasser, dunkelgrauer, teils schwarz verfärbter, mit Holzstückchen durchsetzter, sandhaltiger, mooriger Tonboden.

2. Rügenwalde (Wasser von schwachem Salzgehalt)

Die Flöße mit den Proben lagen im Rügenwalder Vorhafen, in den die Wipper mündet und der infolgedessen Wasser von schwankendem, aber stets nur geringem Salzgehalt besitzt. Zwei Proben, von denen die erste am 14. April 1938 (Wind NO 5), die zweite am 29. April 1938 (Wind SO 2) entnommen war[3], enthielten je Liter:

	(1. Probe)	(2. Probe)
Natriumchlorid (NaCl)	0,56 g	0,91 g
Magnesiumsulfat ($MgSO_4$)	0,11 g	0,15 g
Magnesiumchlorid ($MgCl_2$)	0,05 g	0,08 g
Kalziumchlorid ($CaCl_2$)	0,18 g	0,17 g

Bild 6. Versuchsfloß in Rügenwalde

Bei starkem Sturm befanden sich die Flöße im „Winterhafen", der Flußwasser (Wasser der Wipper) enthielt. Dieses hatte 9,3° D.H., davon 4° bleibende Härte (36 mg/l

[3] Der Hafen öffnet sich nach Nordosten

			Materiel im Zustand der Anlieferung	Berechnet auf getrocknetes Material
Im wäßrigen Auszug	Reaktion gegen	Lackmus	deutlich alkalisch	—
		Rosolsäure	„ „	—
		Methylorange	alkalisch	—
		Phenolphthalein	sauer	—
	Wasserstoffionenkonzentration P_H		7,4	—
	Wasserlösliche Eisensalze		Spuren	—
	Ammoniumsalze		fehlen	—
	Chloride		größere Mengen	—
Feuchtigkeit bei 105° getrocknet			39,2 %	—
Karbonat-Kohlensäure CO_2			1,58 %	2,60 %
entspr. kohlensaurem Kalk $CaCO_3$			3,59 %	5,90 %
Gebundene Schwefelsäure SO_3			0,181%	0,298%
entspr. schwefelsaurem Kalk $CaSO_4$			0,308%	0,507%
Gesamtschwefel S			0,368%	0,604%
Davon vorhanden:				
als Sulfatschwefel S			0,072	0,118
entspr. Schwefelsäure SO_3			0,181	0,298
in Form von Schwefelkies (Pyrit) S			0,224	0,368
entspr. Schwefelkies FeS_2			0,419	0,689
in Form von Sulfidschwefel S			0,072	0,118
entspr. Schwefeleisen FeS			0,197	0,324
als organisch gebundener oder freier Schwefel S als Rest			fehlt	fehlt
Austauschfähigkeit[1], ausgedrückt in cm³ $\frac{n}{10}$ = Säure			0,2 cm³	0,3 cm³

[1] Als Maß für die Austauschfähigkeit gilt die Menge Säure, die bei Einwirkung von 100 g Boden auf eine Neutralsalzlösung frei wird. Dieser Wert entspricht etwa dem Begriff „Bodensäure".

Magnesiumsulfat· und 45 mg/l Kalziumchlorid). Bild 6 zeigt das eine der Flöße in geöffnetem Zustande. Die für den Boden bestimmten Proben waren am Strand des Vorhafens in etwa 60 cm Tiefe vergraben, so daß sie bei hohem Wasserstand unter, bei niedrigem Wasserstand über dem Wasserspiegel lagen. Der Boden bestand aus Sand von wechselndem Salzgehalt.

4. Berlin (Flußwasser)

In Berlin lagen die Proben in bzw. an der Spree an der Schleuse Charlottenburg. Das Wasser war klar, gelb, geruchlos und zeigte geringen braunen flockigen Bodensatz. Es enthielt je Liter:

Kieselsäure	11 mg
Kalk	65 mg

Bild 7. Proben in den Flößen für Dauertauchversuche in Helgoland

Bild 9. Proben vor dem Vergraben in Helgoland

3. Helgoland (Nordseewasser)

In Helgoland waren die Proben an allen Stellen dem Einfluß von Nordseewasser ausgesetzt. Es enthielt je Liter:

Natriumchlorid (NaCl)	28,8 g
Magnesiumsulfat (MgSO$_4$)	4,0 g
Magnesiumchlorid (MgCl$_2$)	2,0 g
Kalziumchlorid (CaCl$_2$)	1,0 g

Magnesia	8 mg
Kohlensäure (einfach gebunden)	49 mg
Schwefelsäure (SO$_3$)	19 mg
Chlor (gebunden)	28 mg
Salpetersäure	fehlt
Schwefelwasserstoff	fehlt
organische Stoffe	103 mg

Bild 8. Proben im Bereich des Wasserwechsels in Helgoland

Bild 10. Versuchsfloß in Berlin

Die ganz im Wasser befindlichen Proben lagen in einem Holzrahmen (vgl. Bild 7), der mit Ketten befestigt war, auf dem Meeresgrund an einer Stelle, die bei Niedrigwasser etwa 1 m unterhalb des Wasserspiegels lag.

Die dem Wasserwechsel ausgesetzten Proben waren an der Landungsbrücke angebracht (vgl. Bild 8), die im Boden befindlichen Proben am Strand an einer Stelle vergraben, die bei Hochwasser überflutet war (vgl. Bild 9).

Gesamtrückstand (bei 125° getrocknet)	257 mg
Gesamthärte	7,6° D.H.
bleibende Härte	1,4° D.H.

Die dem Wasser ausgesetzten Proben befanden sich in 2 Flößen (vgl. Bild 10), die im Boden vergrabenen Proben etwa in Höhe des Wasserspiegels (vgl. Bild 11).

In Zahlentafel 3 sind die Zeitpunkte des Ein- und Ausbaues der Proben zusammengestellt.

Zahlentafel 3

Ort	Versuchszeiten		
	Soll-Versuchs-dauern	Zeitpunkt	Versuchs-dauer in Tagen
Emden	(Einbau)	28. 6. 1929	—
	2 Jahre	1. 7. 1931	733
	4 Jahre	22. 8. 1933	1516
	6 Jahre	16. 7. 1935	2209
	8 Jahre	11. 8. 1937	2965
Rügenwalde . .	(Einbau)	18. 7. 1929	—
	2 Jahre	18. 7. 1931	730
	4 Jahre	21. 7. 1933	1464
	6 Jahre	25. 7. 1935	2198
	8 Jahre	28. 8. 1937	2963
Helgoland . .	(Einbau)	14. 6. 1929	—
	2 Jahre	4. 7. 1931	750
	6 Jahre	18. 7. 1935	2225
	8 Jahre	18. 8. 1937	2986
	(Einbau)	4. 7. 1929	—
	2 Jahre	15. 7. 1931	741
	6 Jahre	23. 7. 1935	2210
	8 Jahre	25. 8. 1937	2974

Bild 11. Proben vor dem Eingraben in Berlin

Auf der Unterseite befand sich eine plattige Schlickschicht, die verhältnismäßig leicht absprang und von bärtigen Gewächsen und muschelartigen Tiergehäusen unterbrochen war. Tiere selbst waren nicht mehr zu erkennen.

In Bild 12 und 13 sind zwei Proben von 2 Jahren

Bild 12. St 37$_{03}$, Oberseite, nach 2 Jahren ganz im Wasser (Emden)

Bild 13. St 55, Unterseite, nach 2 Jahren ganz im Wasser (Emden)

Bild 14. St 55$_{10}$, Unterseite, nach 8 Jahren ganz im Wasser (Emden)

D. Äußerer Befund an den verrosteten Proben

Die Proben zeigten in allen Fällen zunehmende Verrostung. Im folgenden ist im allgemeinen nur das Aussehen der Proben mit der längsten Versuchsdauer beschrieben, und zwar sowohl bei der Herausnahme als auch nach der Entrostung. Wenn nichts anderes gesagt ist, waren zwischen den einzelnen Stahlarten keine Unterschiede zu erkennen.

1. In Emden

a) Proben ganz eingetaucht

(Bei der Herausnahme.) Die Proben waren auf der Oberseite mit einer grauen schlammigen Schlickschicht bedeckt, die an einigen Stellen hellrostfarbig war.

Versuchsdauer, in Bild 14 eine Probe von 8 Jahren Versuchsdauer abgebildet[4].

(Nach dem Entrosten.) Die Angaben über das Aussehen der Proben nach dem Entrosten sind in Zahlentafel 4 enthalten.

Aus Bild 15, die die Probe St 37$_{00}$, und Bild 16, die die Probe St 55$_{00}$ zeigt (8 Jahre, Versuchsdauer, nach der Entrostung), ist zu erkennen, daß die Proben sich im ganzen

---

[4] Die in den Probestücken ersichtlichen Löcher wurden vor dem Aussetzen der Proben zur Kennzeichnung der Stahlqualität angebracht (vgl. S. 1). Diese Löcher haben einen Durchmesser von 35 mm und ermöglichen einen Vergleich der Ausdehnung der Narben.

Zahlentafel 4
Äußerer Befund an Proben, die 8 Jahre in Emden ganz in Brackwasser gelegen haben, nach der Entrostung

Stahl	Aussehen der Proben auf der	
	Unterseite	Oberseite
St 37$_{00}$	gleichmäßig verteilte Narben[5]	einzelne Narben
St 37$_{03}$	gleichmäßig verteilte Narben	einzelne Narben
St 37$_{06}$	gestreckte Narben	einige kleine Narben
St 37$_{10}$	gestreckte Narben	einige flache Narben
St 55$_{00}$	gleichmäßiger Angriff	kleine Narben
St 55$_{03}$	flache Narben	flache Narben
St 55$_{06}$	rauh	rauh
St 55$_{10}$	gleichmäßiger Angriff	gleichmäßiger Angriff

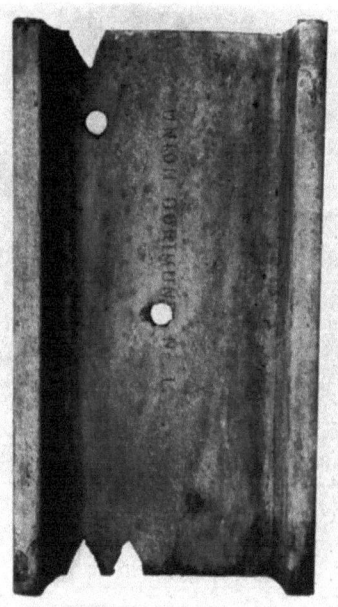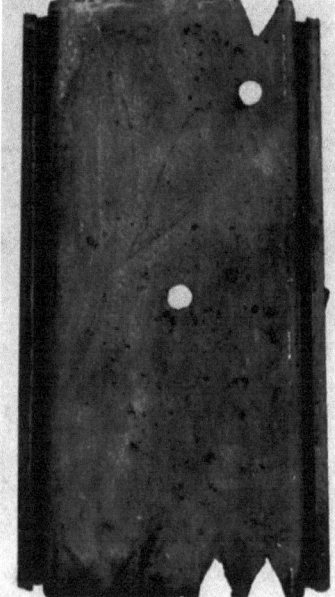

gut verhalten haben, was im besonderen daraus hervorgeht, daß die Walzzeichen noch sehr deutlich zu erkennen sind. Daneben sind jedoch auch die Narbenbildungen unverkennbar.

Unterseite links
Bild 15. St 37$_{00}$ (entrostet) nach 8 Jahren ganz in Brackwasser (Emden)

Bild 16. St 55$_{00}$ (entrostet) nach 8 Jahren ganz in Brackwasser (Emden) (vgl. Bild 28)

Bild 17. St 37$_{00}$, Unterseite, nach 8 Jahren halb im Brackwasser (Emden)

b) Proben halb eingetaucht

(Bei der Herausnahme.) An den Proben waren entsprechend dem Eintauchen drei Zonen zu erkennen (vgl. Bild 17): Die obere (nicht eintauchende) Zone bedeckte nicht ganz die obere Hälfte der Probe. Sie war mit dem bekannten dunklen plattigen Rost bedeckt, wie er häufig beim atmosphärischen Rosten entsteht.

Die mittlere Zone begann etwa 5 cm oberhalb der Wasserlinie und endete etwa 15 cm unter dieser. Hier befand sich ebenfalls dunkler plattiger Rost, der jedoch fester als an der oberen Zone haftete.

Die untere Zone, die etwa das unterste Viertel der Proben einnahm, war — sehr ähnlich wie die Oberseite der ganz eingetauchten Proben — mit einer Schlickschicht

---

[5] Die gefundenen Ungleichmäßigkeiten des Angriffs sind in allen Fällen nicht auf Ungleichmäßigkeiten des Gefüges, sondern auf die Walzhaut zurückzuführen. An den Stellen, an denen die Walzhaut rissig oder abgeblättert ist, tritt infolge des Potentialunterschiedes zwischen Walzhaut und freiliegendem Metall an diesem verstärktes Rosten auf, was zu den bekannten narbenartigen Anfressungen führt. Da durch den Rostvorgang die Walzhaut allmählich abgetragen bzw. abgesprengt wird, ist es wahrscheinlich, daß später eine gleichmäßigere Rostung auf

der ganzen Oberfläche eintritt. Bei unlegierten Stählen wird wegen der geringeren Haftfestigkeit der Walzhaut dieser Zeitpunkt früher einsetzen als bei Kupferstählen.

An den Proben von 8 Jahren Versuchsdauer wurden auch die Einfressungstiefen bestimmt. Da die Auswertbarkeit der gefundenen Zahlen wegen ihrer großen Schwankungen jedoch sehr schwierig ist, und da gewisse Ungleichmäßigkeiten des Angriffs für Spundbohlen wohl weitgehend belanglos sind, wurde auf die Wiedergabe der Werte verzichtet.

bedeckt, die zum Teil von hellem Rost unterbrochen war.

(Nach dem Entrosten.) Die Angaben über das Aussehen der Proben nach dem Entrosten sind in Zahlentafel 5 zusammengestellt.

Zahlentafel 5
Äußerer Befund an Proben, die 8 Jahre lang in Emden halb eingetaucht in Schlickwasser gestanden haben, nach der Entrostung

Stahl	Aussehen der Proben auf der	
	eingetauchten Hälfte	nicht eingetauchten Hälfte
St 37$_{00}$	mäßige flache Narben	einige tiefe Narben
St 37$_{03}$	,, ,, ,,	,, ,, ,,
St 37$_{06}$	,, ,, ,,	,, ,, ,,
St 37$_{10}$	,, ,, ,,	,, ,, ,,
St 55$_{00}$	beträchtliche flache Anfressungen	einige tiefe Anfressungen
St 55$_{03}$	beträchtliche flache Anfressungen	,, ,, ,,
St 55$_{06}$	beträchtliche flache Anfressungen	,, ,, ,,
St 55$_{10}$	beträchtliche flache Anfressungen	,, ,, ,,

Bild 18. St 55$_{00}$, entrostet, nach 8 Jahren halb in Brackwasser (Emden) (vgl. Bild 28)

Bild 18 zeigt eine Probe St 55$_{00}$ von 8 Jahren Versuchsdauer nach der Entrostung.

c) Proben im Boden vergraben

(Bei der Herausnahme.) Auf der Oberseite waren die Proben mit einer etwa 2 cm dicken, von Rost durchdrungenen, ziemlich festen Erdschicht bedeckt, die sich in Platten bis zu 20 cm² Größe abheben ließ.

Die Unterseite war von geringeren Mengen anhaftender Erde und von wenig braunem und schwarzem Rost bedeckt.

(Nach dem Entrosten.) Die Angaben über das Aussehen nach dem Entrosten sind in Zahlentafel 6 zusammengestellt.

Zahlentafel 6
Äußerer Befund an Proben, die 8 Jahre in Emden im Boden vergraben waren, nach der Entrostung

Stahl	Aussehen der Proben auf der	
	Unterseite	Oberseite
St 37$_{00}$	einige größere Narben	geringe Narben
St 37$_{03}$	,, ,, ,,	,, ,,
St 37$_{06}$	geringe Narben	einige größere Narben
St 37$_{10}$	,, ,,	geringe Narben
St 55$_{00}$	ziemlich gleichmäßig angegriffen	gleichmäßig angegriffen
St 55$_{03}$	ziemlich gleichmäßig angegriffen	,, ,,
St 55$_{06}$	ziemlich gleichmäßig angegriffen	,, ,,
St 55$_{10}$	ziemlich gleichmäßig angegriffen	einige Narben

Bild 19. St 37$_{00}$, entrostet, nach 8 Jahren im Boden (Emden; vgl. Bild 28)

Bild 19 zeigt eine Probe St 37$_{00}$ von 8 Jahren Versuchsdauer nach der Entrostung.

2. In Rügenwalde

a) Proben ganz eingetaucht

(Bei der Herausnahme; vgl. Bild 20.) Die Proben waren auf der Oberseite mit braunem, z. T. abblätterndem, z. T. fest anhaftendem Rost bedeckt.

Die Unterseite war dunkel-graugrün und von hellen Rostpusteln (1—5 cm ⌀) durchbrochen, die aus lockerem Rost bestanden.

(Nach dem Entrosten.) Die Angaben über das Aussehen der Proben nach dem Entrosten sind in Zahlentafel 7 zusammengestellt.

Zahlentafel 7

Äußerer Befund an Proben, die 8 Jahre in Rügenwalde ganz in schwach salzhaltigem Wasser lagen, nach dem Entrosten

Stahl	Aussehen der Proben auf der	
	Unterseite	Oberseite
St 37$_{00}$	etwas narbig	etwas narbig
St 37$_{03}$	,, ,,	,, ,,
St 37$_{06}$	,, ,,	,, ,,
St 37$_{10}$	größere Mulden	größere Mulden
St 55$_{00}$	narbig	flache Mulden
St 55$_{03}$	,,	,, ,,
St 55$_{06}$	flache Mulden	,, ,,
St 55$_{10}$	,, ,,	,, ,,

Bild 21 zeigt eine Probe St 37$_{00}$ von 8 Jahren Korrosionsdauer nach dem Entrosten.

b) Proben halb eingetaucht

(Bei der Herausnahme; vgl. Bild 20.) Die an der Luft befindliche Hälfte zeigte großblättrigen dunklen Rost.

Die im Wasser befindliche Hälfte war von einer festen graugrünen Rost-Schlamm-Schicht bedeckt, die von hellen lockeren Rostpusteln (1—4 cm ⌀) unterbrochen war.

(Nach dem Entrosten.) Die Angaben über das Aussehen nach der Entrostung sind in Zahlentafel 8 zusammengestellt.

Bild 20. Proben, nach 8 Jahren in Rügenwalde (schwach salzhaltiges Wasser) [ganz eingetaucht] im Boden [halb eingetaucht]

Zahlentafel 8

Äußerer Befund an Proben, die 8 Jahre in Rügenwalde halb in schwach salzhaltiges Wasser eingetaucht waren, nach dem Entrosten

Stahl	Aussehen der Proben auf der	
	eintauchenden Hälfte	nicht eintauchenden Hälfte
St 37$_{00}$	flache Mulden	einige größere Mulden
St 37$_{03}$	,, ,,	flache Mulden
St 36$_{06}$	einige tiefere Mulden	,, ,,
St 37$_{10}$	flache Mulden	,, ,,
St 55$_{00}$	—	—
St 55$_{03}$	große flache Mulden	flache Mulden, einige tiefe Löcher
St 55$_{06}$	einige kleine tiefe Einfressungen	einige große tiefe Einfressungen
St 55$_{10}$	einige kleine tiefe Einfressungen	einige große tiefe Einfressungen

c) Proben im Boden vergraben

(Bei der Herausnahme; vgl. Bild 20.) Die Oberseite war mit einer Sand-Rost-Schicht bedeckt, die z. T. bis zu 6 mm Dicke zusammenhaftete. Ein etwa 10 cm langes und 4 cm breites Stück sprang zusammenhängend ab. Die Schicht bestand aus drei Lagen, von denen die den Proben anliegende schwarz, die mittlere hellbraun und die äußere rotbraun war.

Die Unterseite war z. T. mit einer dünnen, glänzend schwarzen Rostschicht bedeckt, die möglicherweise z. T. noch aus Walzhaut bestand. An den Kanten und Kerben war die Sand-Rost-Schicht der Oberseite z. T. herumgewachsen.

Bild 21. St 37$_{00}$, entrostet, nach 8 Jahren ganz in schwach salzhaltigem Wasser (Rügenwalde) (vgl. Bild 29)

(Nach dem Entrosten.) Die Angaben über das Aussehen nach dem Entrosten sind in Zahlentafel 9 zusammengestellt.

Zahlentafel 9
Äußerer Befund an Proben, die 8 Jahre in Rügenwalde am Strand vergraben waren

Stahl	Aussehen der Proben auf der	
	Unterseite	Oberseite
St 37$_{00}$	etwas narbig	etwas narbig
St 37$_{03}$	,, ,,	,, ,,
St 37$_{06}$	wenig narbig	einige größere Narben
St 37$_{10}$	sehr wenig narbig	sehr wenig narbig
St 55$_{00}$	,, ,, ,,	,, ,, ,,
St 55$_{03}$	,, ,, ,,	,, ,, ,,
St 55$_{06}$	,, ,, ,,	,, ,, ,,
St 55$_{10}$	,, ,, ,,	einige größere Narben

Bild 22 zeigt die Probe St 37 von 8 Jahren Korrosionsdauer nach der Entrostung. Die Erhaltung der Walzzeichen ist wieder ausgezeichnet[6].

3. In Helgoland

In Helgoland wurden nur die Stähle St 55$_{00}$, St 55$_{03}$, St 55$_{06}$ und St 55$_{10}$ geprüft.

a) Proben ganz eingetaucht

Nach 3 Jahren Versuchsdauer war der Rahmen, in dem die Proben befestigt waren, von einer Sturmflut abgerissen worden und nicht mehr aufzufinden. Infolgedessen kann nur über die Versuche von 2 Jahren Dauer berichtet werden.

(Bei der Herausnahme.) Die Proben waren mit einer ziemlich festhaftenden und gleichmäßigen Schlamm-Rost-Schicht bedeckt.

(Nach dem Entrosten.) Die Proben waren ziemlich gleichmäßig angegriffen.

b) Proben im Bereich des Wasserwechsels

(Bei der Herausnahme, vgl. Bild 23.) Die Proben waren mit einer rötlich-gelben bis rötlich-grauen Rostschicht bedeckt, die von einigen hellbraunen harten Rostpusteln unterbrochen war. Auf der hohlen (während des Versuchs der Brücke zugewandten) Seite und in den Schlössern der Proben hatten sich zahlreiche Muscheln angesetzt.

(Nach dem Entrosten.) Die Angaben über das Aussehen nach dem Entrosten sind in Zahlentafel 10 zusammengestellt.

Zahlentafel 10
Äußerer Befund an Proben, die 8 Jahre dem Bereich des Wasserwechsels in Helgoland ausgesetzt waren, nach dem Entrosten

Stahl	Aussehen der Proben
St 55$_{00}$	gleichmäßig verteilte Narben
St 55$_{03}$	,, ,, ,,
St 55$_{06}$	Narben z. T. in Walzrichtung
St 55$_{10}$	gleichmäßig verteilte kleine Mulden

[6] Fehlen von Walzzeichen braucht kein Anzeichen starker Korrosion zu sein, da viele Proben von vornherein keine Walzzeichen aufweisen.

Bild 22. St 37$_{00}$, entrostet, nach 8 Jahren im Boden (Rügenwalde)

Bild 23. St 55$_{00}$, nach 8 Jahren im Bereich des Wasserwechsels (Helgoland)

Bild 24 zeigt die Probe St 55$_{00}$ von 8 Jahren Korrosionsdauer nach dem Entrosten. Die Proben haben im Hinblick darauf, daß die Beanspruchung im Bereich des Wasserwechsels als eine der schärfsten Beanspruchungen gilt, vorzüglich gehalten.

c) Proben im Boden vergraben

(Bei der Herausnahme.) Die Oberseite der Proben war mit Schichten von abblätterndem Rost bedeckt. An der Unterseite war eine festhaftende Rost-Sand-Schicht entstanden.

(Nach dem Entrosten.) Die Angaben über das Aussehen der Proben nach dem Entrosten sind in Zahlentafel 11 zusammengestellt.

Bild 25 zeigt die Probe St 55$_{00}$ von 8 Jahren Korrosionsdauer nach der Entrostung.

Zahlentafel 11

Äußerer Befund von Proben, die 8 Jahre am Strand von Helgoland vergraben gelegen haben

Stahl	Aussehen der Proben auf der	
	Unterseite	Oberseite
St 55$_{00}$	gleichmäßig verteilte Narben	mäßige Narben
St 55$_{03}$	gleichmäßig verteilte Narben	,, ,,
St 55$_{06}$	gleichmäßig verteilte Narben	,, ,,
St 55$_{10}$	gleichmäßig verteilte Narben	,, ,,

Bild 24. St 55$_{00}$, entrostet, nach 8 Jahren im Bereich des Wasserwechsels (Helgoland) (vgl. Bild 30)

Bild 25. St 55$_{00}$, entrostet, nach 8 Jahren im Boden (Helgoland)

4. In Berlin

In Berlin wurden nur die Stähle St 55$_{00}$, St 55$_{03}$, St 55$_{06}$ und St 55$_{10}$ geprüft.

a) Proben ganz eingetaucht

(Bei der Herausnahme.) Die Oberseite der Proben war mit einer schwarzen Schlammschicht bedeckt, unter der noch Reste der Walzhaut zu erkennen waren. Auf der Unterseite war platten- und blasenförmiger Rost entstanden. Eine Kalk-Rostschicht war nicht erkennbar.

(Nach dem Entrosten.) Die Angaben über das Aussehen der Proben nach dem Entrosten sind in Zahlentafel 12 zusammengestellt.

Zahlentafel 12

Äußerer Befund an Proben, die 8 Jahre in Berlin in Flußwasser gelegen haben

Stahl	Aussehen der Proben auf der	
	Unterseite	Oberseite
St 55$_{00}$	feinnarbig	gut
St 55$_{03}$	beträchtlich narbig	,,
St 55$_{06}$	,, ,,	sehr narbig
St 55$_{10}$	,, ,,	feinfarbig

Bild 26 zeigt eine Probe St 55$_{00}$ von 8 Jahren Korrosionsdauer nach der Entrostung.

b) Proben halb eingetaucht

(Bei der Herausnahme; vgl. Bild 27.) Die Proben waren mit dickem knolligem Rost bedeckt. Da das Versuchsfloß im Laufe der Jahre an Tragkraft eingebüßt hatte tauchten die Proben nach 8 Jahren fast völlig ein. Da infolgedessen die „Wasserlinie" an den Proben sich dauernd verschob, war ihr Einfluß nicht zu erkennen. Die Proben sahen vielmehr (abgesehen von den obersten 10 cm) auf beiden Hälften ziemlich gleichartig verrostet aus.

(Nach dem Entrosten.) Die Angaben über das Aussehen der Proben nach dem Entrosten sind in Zahlentafel 13 zusammengestellt.

Zahlentafel 13

Äußerer Befund an Proben, die 8 Jahre in Berlin in Flußwasser halb eingetaucht waren

Stahl	Aussehen der Proben
St 55$_{00}$	beträchtlich narbig
St 55$_{03}$	,, ,,
St 55$_{06}$	,, ,,
St 55$_{10}$	,, ,,

Das Aussehen der entrosteten Proben war etwa wie bei Bild 26.

c) Proben im Boden

(Bei der Herausnahme; vgl. Bild 27.) Die Proben waren mit schwarzer schlammiger Erde bedeckt, so daß sich wenig von der Rostbildung erkennen ließ. Die Walzhaut war z. T. noch vorhanden.

Bild 26. St 55₀₀, nach 8 Jahren ganz im Flußwasser (Berlin) (vgl. Bild 31)

Bild 27. Proben nach 8 Jahren Lagerung in Berlin
St 55₀₀, halb in Flußwasser eingetaucht. St 55₁₀, im Boden vergraben.

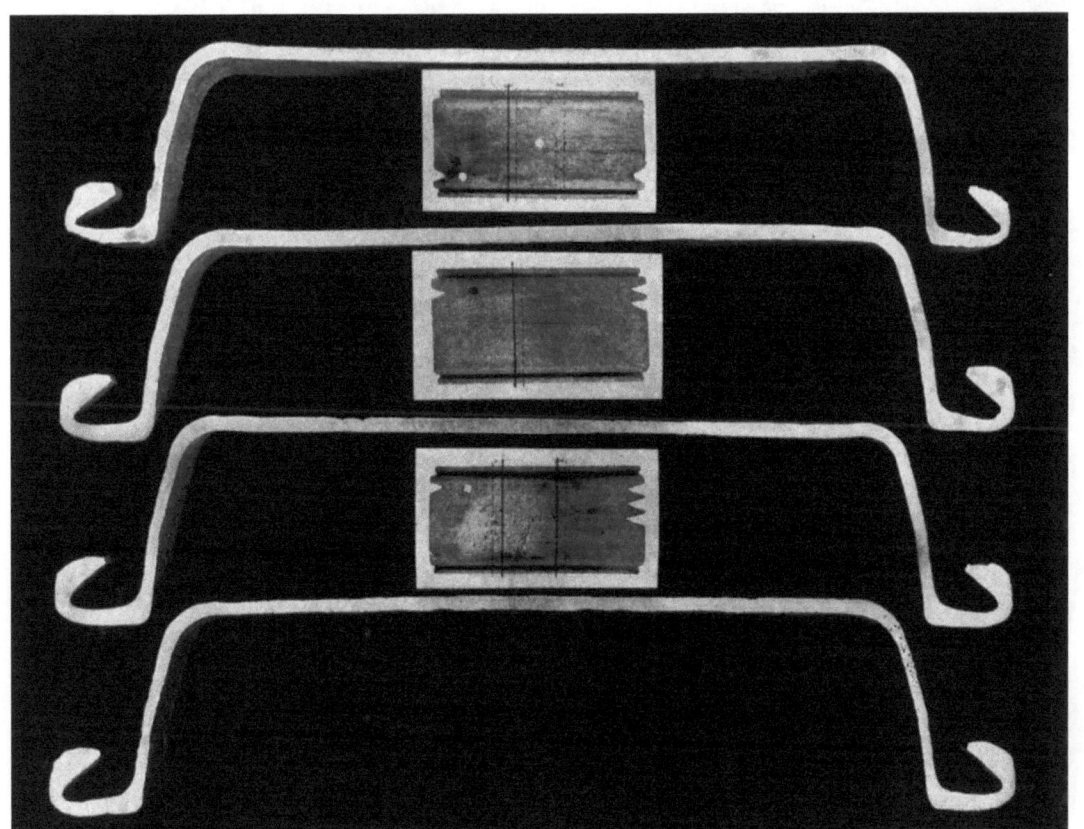

a) Schnitt 2,   b) Schnitt 1,   c) St 55₀₀,   d) St 37
aus nicht erkennbarer   St 55₀₀ halb eingetaucht,   ganz eingetaucht   im Boden
Ursache besonders   (durchschnittlicher
starker Angriff)   Angriff)

Bild 28. Schnitte durch einige Proben aus Emden (Versuchsdauer 8 Jahre)

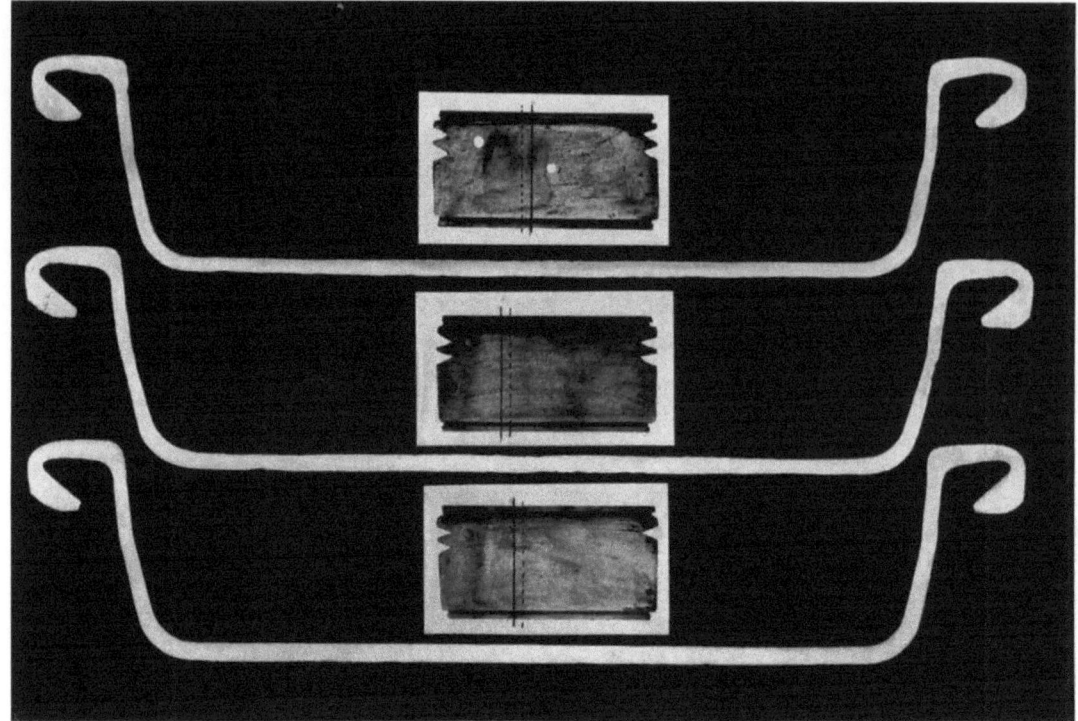

a) St 55.00, im Boden b) St 55.00, ganz eingetaucht c) St 37.00, ganz eingetaucht
Bild 29. Schnitte durch einige Proben aus Rügenwalde. (Versuchsdauer 8 Jahre)

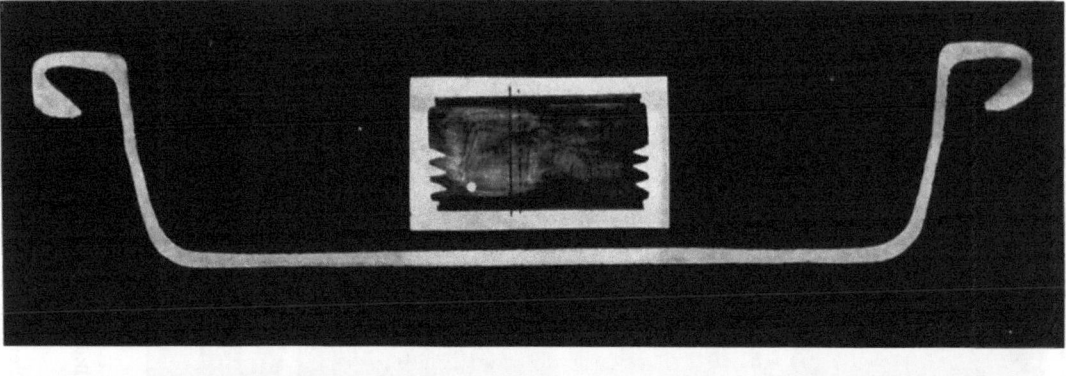

Bild 30. Schnitt durch eine Probe St 55.00 aus Helgoland im Wasserwechsel (Versuchsdauer 8 Jahre)

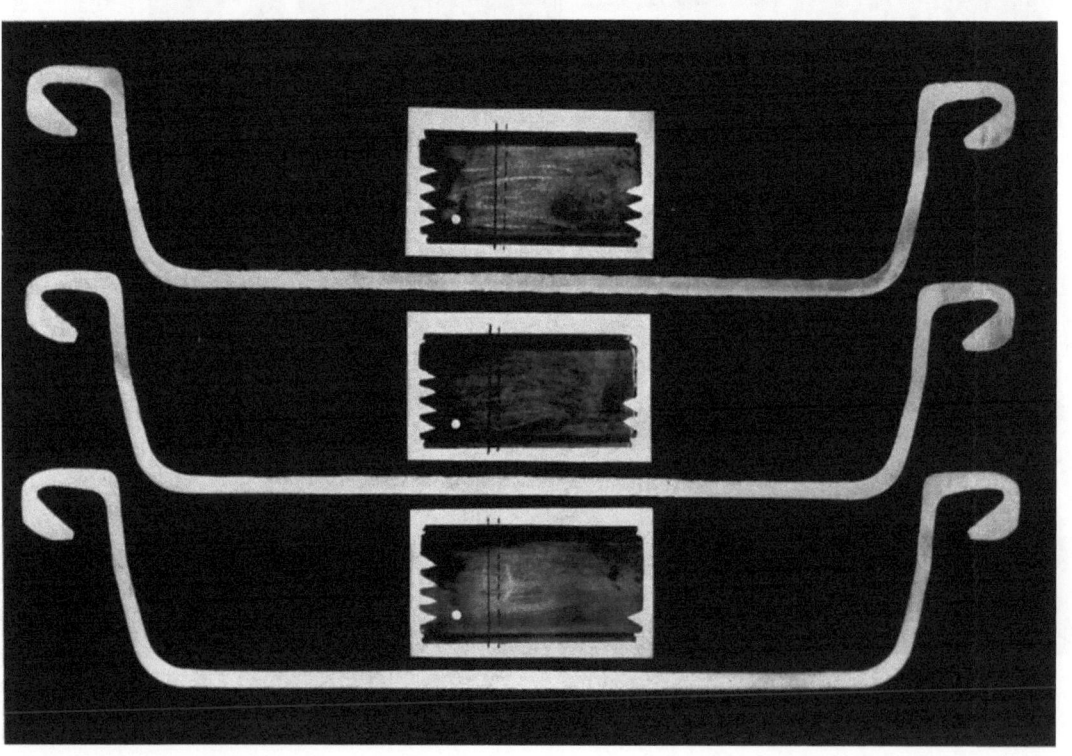

a) St 55.00, im Boden b) St 55.00, ganz eingetaucht c) St 55.00, halb eingetaucht
Bild 31. Schnitte durch einige Proben aus Berlin (Versuchsdauer 8 Jahre)

(Nach dem Entrosten.) Die Angaben über das Aussehen der Proben nach dem Entrosten sind in Zahlentafel 14 zusammengestellt.

Zahlentafel 14
Äußerer Befund an Proben, die 8 Jahre am Spree-Ufer vergraben waren

Stahl	Aussehen der Proben auf der	
	Unterseite	Oberseite
St 55_00	gut	etwas narbig
St 55_03	,,	gut
St 55_06	,,	etwas narbig
St 55_10	etwas narbig	gut

in den Schnitten gefunden werden, weshalb auf die Wiedergabe der Schnitte durch gekupferte Proben verzichtet wurde. Beim Vergleich der Probendicken vor und nach dem Versuch ergibt sich im Durchschnitt eine Abnahme der Dicke um etwa 1 mm, was, da der Angriff in der Praxis im allgemeinen nur von einer Seite erfolgt, einer Abnahme von 0,5 mm in 8 Jahren oder von 0,06 mm je Jahr entspricht. Bei den Proben, die im Rügenwalder Boden und in Berlin gelagert haben, ist die Abnahme so gering, daß sie durch Ausmessen nicht eindeutig festgestellt werden kann.

F. Gewichtsverluste

Die unmittelbar gefundenen Gewichtsverluste sind in den Zahlentafeln 15 bis 18 zusammengestellt. Die Bilder 32 bis 35 geben die Werte nach Umrechnung in kg/m² wieder.

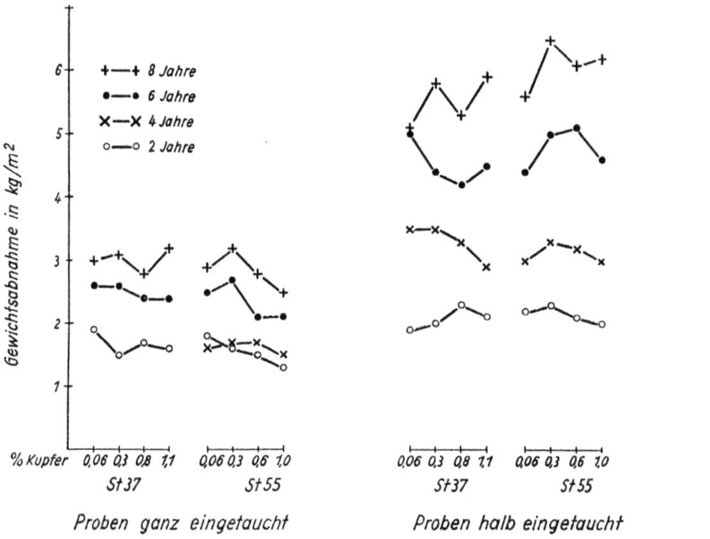

Bild 32. Korrosionsversuche in Emden

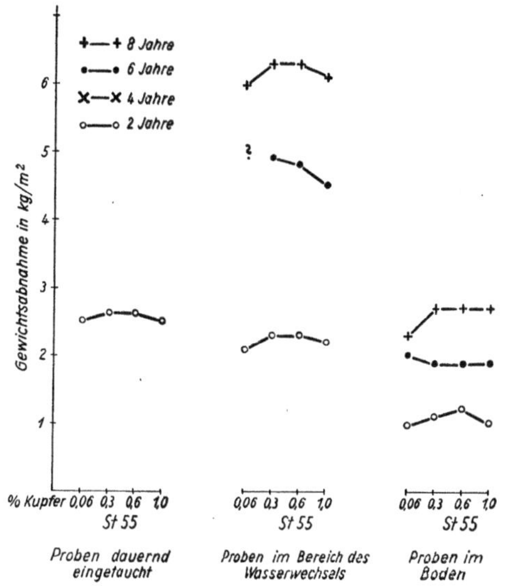

Bild 33. Korrosionsversuche in Rügenwalde

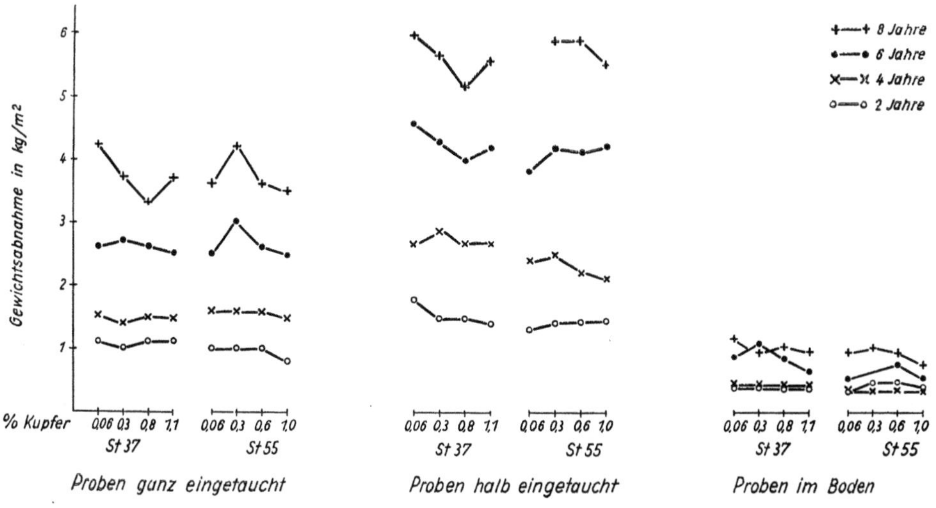

Bild 34. Korrosionsversuche in Helgoland

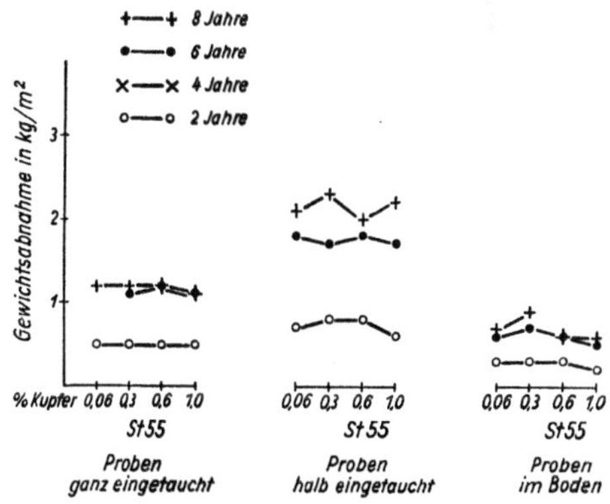

Bild 35. Korrosionsversuche in Berlin

E. Genauere Untersuchung einzelner Proben

Durch einige beispielhafte Proben wurden Schnitte gelegt, die in den Bildern 28 bis 31 in etwa $^1/_3$ nat. Größe wiedergegeben sind. (Die Spundbohlen-Abschnitte, denen die Schnitte entnommen sind, sind in den Bildern 28 bis 31 in etwa $^1/_{30}$ nat. Größe gleichfalls wiedergegeben. Die ausgeführten Schnitte sind eingezeichnet; die ausgezogene Linie entspricht dem abgebildeten Schnitt.)

Ganz allgemein fällt bei den Schnitten der gleichmäßige Angriff auf, den die Proben erlitten haben. Zwischen den gekupferten und den ungekupferten Stählen konnten im übrigen keine bemerkenswerten Unterschiede

Diese Umrechnung geschah nach dem Ansatz: Gewichtsabnahme in kg/m² =

$$\frac{\text{kg Gefundene Gewichtsabnahme}}{\text{m}^2 \text{ Oberfläche einer 32 kg schweren Probe}} \cdot \frac{32 \text{ kg}}{\text{kg Ausgangsgewicht der betr. Probe}}$$

Die Oberfläche einer 32 kg schweren Probe wurde zu 1,14 m² errechnet, so daß die Rechenformel lautet:

Gewichtsabnahme in kg/m² =

$$\frac{\text{kg Gefundene Gewichtsabnahme}}{\text{kg Ausgangsgewicht}} \cdot 28,1.$$

Zahlentafel 15. Verrostung der in Emden gelagerten Proben

Stahl	ganz eingetauchten Proben nach				halb eingetauchten Proben nach				im Boden vergrabenen Proben nach			
	2 Jahren	4 Jahren	6 Jahren	8 Jahren	2 Jahren	4 Jahren	6 Jahren	8 Jahren	2 Jahren	4 Jahren	6 Jahren	8 Jahren
St 37 00	2,6 / 1,7	1,9 / 1,8	2,9	3,4	2,2 / 2,1	3,9 / 3,9	5,7	5,8	1,0 / 1,6	1,9 / 1,9	4,0	6,0
St 37 03	1,8 / 1,5	1,7 / 1,9	3,0	3,6	2,0 / 2,4	4,0 / 3,6	5,1	6,4	1,2 / 1,3	1,8 / 2,1	3,2	5,4
St 37 06	2,1 / 1,8	1,7 / 1,8	2,8	3,4	2,7 / 2,6	3,5 / 4,1	4,8	6,3	0,9 / 1,1	2,3 / 2,8	3,4	4,7
St 37 10	1,7 / 1,8	1,9 / 1,5	2,7	3,7	2,1 / 2,6	3,0 / 3,6	4,9	6,6	1,1 / 0,9	2,0 / 1,9	3,5	4,9
St 55 00	1,7 / 2,4	1,7 / 2,0	2,9	3,2	2,5 / 2,6	3,5 / (2,7 ?)	5,2	6,5	0,9 / 0,8	1,1 / 1,2	3,9	6,1
St 55 03	2,0 / 1,7	2,1 / 1,8	3,1	3,5	2,6 / 2,5	3,8 / 3,4	5,6	7,3	0,9 / 0,8	1,3 / 1,5	4,1	6,3
St 55 06	1,8 / 1,7	2,0 / 1,8	2,4	3,3	2,4 / 2,3	3,9 / 3,6	5,7	7,2	0,9 / 0,8	? / 1,6	3,7	5,9
St 55 10	1,6 / 1,5	1,9 / 1,7	2,4	3,0	2,3 / 2,3	3,6 / 3,1	5,4	7,6	0,8 / 0,8	1,4 / 1,9	3,4	5,6

Zahlentafel 16. Verrostung der in Rügenwalde gelagerten Proben

Stahl	ganz eingetauchten Proben nach				halb eingetauchten Proben nach				im Boden vergrabenen Proben nach			
	2 Jahren	4 Jahren	6 Jahren	8 Jahren	2 Jahren	4 Jahren	6 Jahren	8 Jahren	2 Jahren	4 Jahren	6 Jahren	8 Jahren
St 37 00	1,1 / 1,3	1,7 / 1,7	3,0	4,7	2,1 / 1,9	3,0 / 3,2	5,2	6,7	0,6 / 0,6	0,5 / 0,6	1,0	1,3
St 37 03	1,2 / 1,1	1,6 / 1,5	2,9	4,1	1,6 / 1,6	3,3 / 3,2	4,7	6,2	0,6 / 0,5	0,7 / 0,5	1,2	1,2
St 37 06	1,2 / 1,2	1,6 / 1,7	2,9	3,8	1,7 / 1,6	3,1 / 3,0	4,5	5,9	0,5 / 0,6	0,6 / 0,5	1,0	1,3
St 37 10	1,1 / 1,2	1,7 / 1,6	2,7	4,1	1,7 / 1,4	3,0 / 3,0	4,7	6,2	0,6 / 0,6	0,5 / 0,5	0,8	1,1
St 55 00	1,2 / 1,2	1,9 / 1,9	2,9	4,2	1,5 / 1,6	2,7 / 2,8	4,4	?	0,5 / 0,5	0,4 / 0,4	0,7	1,1
St 55 03	1,2 / 1,0	1,8 / 1,8	3,3	4,6	1,6 / 1,5	2,7 / 2,7	4,7	6,5	0,6 / 0,5	0,5 / 0,4	?	1,2
St 55 06	1,1 / 1,2	1,7 / 2,0	3,0	4,1	1,6 / 1,6	2,5 / 2,5	4,8	6,7	0,6 / 0,5	0,4 / 0,5	1,0	1,1
St 55 10	1,0 / 1,0	1,7 / 1,9	3,0	4,3	1,7 / 1,6	2,5 / 2,5	4,7	6,4	0,3 / 0,6	0,4 / 0,4	0,7	1,0

Nach den gefundenen Werten läßt sich folgendes sagen:

1. Die Abrostung in kg/m² aller Proben wies keine eindeutige Abhängigkeit von der Stahlart auf. Im besonderen hat der Kupfergehalt keinen so günstigen Einfluß auf die Beständigkeit der Stähle ausgeübt, wie z. B. von Stahl bekannt ist, der an Industrie-Atmosphären rostet.

2. Den überragenden Einfluß auf die Beständigkeit der Stähle übten die äußeren Bedingungen aus, und zwar sowohl der Versuchsort als auch die Lagerungsart. Der Gesamtangriff in 8 Jahren war an allen Versuchsorten bei halb bzw. zeitweilig eingetauchten Proben der größte, und zwar war hierbei der Angriff in Emden, Rügenwalde und Helgoland etwa gleich groß, in Berlin erheblich geringer. (Die ganz eingetauchten Proben von längerer Versuchszeit in Helgoland waren verloren gegangen. Nach 2 Jahren Versuchsdauer hatte diese Lagerungsart den stärksten Angriff ausgeübt.)

3. Die Übereinstimmung der Einzelwerte ist in einigen Fällen nur gering, was sich bei diesen besonders darin bemerkbar macht, daß in zwei Fällen der Angriff nach 2 Jahren größer war als nach 4 Jahren (bei den ganz eingetauchten Proben in Emden und den eingegrabenen Proben in Rügenwalde).

Wegen der mitunter beträchtlichen Schwankungen der Einzelwerte lassen sich aus den Gewichtsverlusten in kg/m² über die Veränderung der Rostgeschwindigkeit unmittelbar keine Schlüsse ziehen. Da jedoch, wie oben gesagt wurde, ein eindeutiger Unterschied in der Beständigkeit der einzelnen Stähle nicht besteht, lassen sich die entsprechenden Proben aller Stähle einer Versuchsreihe und -Zeit als Parallelproben betrachten, deren Mittelwert ein einigermaßen sicherer Wert für die mittlere Verrostung unter der betreffenden Bedingung sein dürfte. In Zahlentafel 19 und in Bild 36 sind die aus diesen Mittelwerten errechneten durchschnittlichen Korrosionsgeschwindigkeiten in g/m² je Tag und in Zahlentafel 20 in mm/Jahr[7] zusammengestellt. (Die Abrostung ist zwar in den meisten Fällen nicht völlig gleichmäßig; da für die Lebensdauer der Spundbohlen aber im wesentlichen wohl die Gesamtabrostung von Bedeutung ist und örtliche Angriffe zu vernachlässigen sind, können die genannten Maßeinheiten verwendet werden.)

Zu der praktisch sehr wichtigen Frage, ob mit der Zeit eine Verlangsamung des Rostens auftritt, läßt sich nach den gefundenen Werten das Folgende sagen:

In einigen Fällen wird das Rosten mit der Zeit deutlich langsamer, in anderen bleibt es etwa gleich rasch, in einem Fall (Emden Boden) tritt sogar eine Beschleunigung des Rostens auf. Hiernach scheint es, als ob sich nichts Allgemeingültiges über die Veränderung der Rostgeschwindigkeit mit der Zeit sagen läßt. Nun ist aber bei Betrachtung der Versuchsreihen in ihrer Gesamtheit (Bild 36) eine Neigung zur Verlangsamung der Rostgeschwindigkeit unverkennbar. Wenn man das Mittel sämtlicher Rostgeschwindigkeiten der Zahlentafel 20 im 1. und 2. Jahr und im 7. und 8. Jahr bildet, so ergibt sich die durchschnittliche Rostgeschwindigkeit

für das 1. und 2. Jahr zu
0,065 mm/Jahr[8]
und für das 7. und 8. Jahr
zu 0,053 mm/Jahr.

Da diese beiden Werte Mittel aus insgesamt 136 bzw. 68

[7] Als spezifisches Gewicht des Flußstahles wurde der Wert 7,70 gewählt — Die Werte der Zahlentafel 31 und 32 wurden stets aus den Gewichtsverlust- und Versuchszeit-Differenzen errechnet

[8] Für Emden Boden und Rügenwalde ganz eingetaucht, Werte für 1. bis 4. Jahr. — Der Wert für Helgoland ganz eingetaucht wurde nicht berücksichtigt.

Zahlentafel 17. Verrostung der in Helgoland gelagerten Proben

Stahl	Gewichtsabnahme in kg bei den								
	dauernd eingetauchten Proben nach			im Wasserwechsel befindlichen Proben nach			im Boden vergrabenen Proben nach		
	2 Jahren	6 Jahren	8 Jahren	2 Jahren	6 Jahren	8 Jahren	2 Jahren	6 Jahren	8 Jahren
St 55_00	2,8 / 2,9	verloren	verloren	2,5 / 2,2	1	6,7 / 6,4	1,2 / 1,2	2,3	2,6
St 55_03	3,0 / 2,9	,,	,,	2,1 / 3,0	5,3	6,7	1,4 / 1,1	2,0	3,0
St 55_06	2,8 / 3,1	,,	,,	2,6 / 2,6	5,5	7,1	1,4 / 1,3	2,1	3,1
St 55_10	2,8 / 3,0	,,	,,	2,6 / 2,5	5,2	6,6	1,3 / 1,1	2,2	3,1

[1] Versehentlich nicht ausgebaut.

Zahlentafel 18. Verrostung der in Berlin gelagerten Proben

Stahl	Gewichtsabnahme in kg bei den								
	ganz eingetauchten Proben nach			halb eingetauchten Proben nach			im Boden vergrabenen Proben nach		
	2 Jahren	6 Jahren	8 Jahren	2 Jahren	6 Jahren	8 Jahren	2 Jahren	6 Jahren	8 Jahren
St 55_00	0,7 / 0,6	—	1,4	0,9 / 0,7	2,0	2,5	0,4 / 0,3	0,7	0,8
St 55_03	0,5 / 0,5	1,2	1,3	0,8 / 0,9	1,8	2,5	0,3 / 0,3	0,8	1,0
St 55_06	0,5 / 0,6	1,4	1,4	0,9 / 0,8	2,0	2,2	0,4 / 0,2	0,7	0,7
St 55_10	0,6 / 0,6	1,3	1,3	0,6 / 0,8	2,0	2,5	0,2 / 0,3	0,6	0,7

Zahlentafel 19. Mittlere Rostgeschwindigkeit in g/m² je Tag (Mittelwerte aus allen Stahlarten)

in	bei ganz eingetauchten Proben im				bei halb eingetauchten Proben im				bei im Boden vergrabenen Proben im			
	1. u. 2. Jahr	3. u. 4. Jahr	5. u. 6. Jahr	7. u. 8. Jahr	1. u. 2. Jahr	3. u. 4. Jahr	5. u. 6. Jahr	7. u. 8. Jahr	1. u. 2. Jahr	3. u. 4. Jahr	5. u. 6. Jahr	7. u. 8. Jahr
Emden	[1]	1,05[1]	1,21	0,67	2,85	1,41	2,14	1,58	1,17	0,89	2,37	2,35
Rügenwalde ..	1,38	0,70	1,51	1,43	2,00	1,46	2,25	1,96	[1]	0,30[1]	0,49	0,29
Helgoland ...	3,40	—	[2]	[2]	2,98	1,67		1,68	1,44	0,57		0,89
Berlin	0,68	—	0,43	0,07	0,99	0,70		0,52	0,38	0,22		0,13

Zahlentafel 20. Mittlere Rostgeschwindigkeiten in mm je Jahr[3] (Mittelwerte aus allen Stahlarten)

in	bei ganz eingetauchten Proben im				bei halb eingetauchten Proben im				bei im Boden vergrabenen Proben im			
	1. u. 2. Jahr	3. u. 4. Jahr	5. u. 6. Jahr	7. u. 8. Jahr	1. u. 2. Jahr	3. u. 4. Jahr	5. u. 6. Jahr	7. u. 8. Jahr	1. u. 2. Jahr	3. u. 4. Jahr	5. u. 6. Jahr	7. u. 8. Jahr
Emden	[1]	0,050[1]	0,057	0,032	0,135	0,067	0,001	0,075	0,055	0,042	0,112	0,111
Rügenwalde ..	0,065	0,033	0,072	0,068	0,095	0,069	0,107	0,093	[1]	0,014[1]	0,023	0,014
Helgoland ...	0,161	—	[2]	[2]	0,141	0,079		0,080	0,068	0,027		0,042
Berlin	0,032	—	0,020	0,0033	0,047	0,033		0,025	0,018	0,010		0,0062

[1] Hier war nach 2 Jahren der gefundene Gewichtsverlust ebenso groß wie nach 4 Jahren (vgl. Zahlentafel 27 bzw. 28). Da der Wert für 4 Jahre wahrscheinlich richtigere Werte ergibt, wurde nur er berücksichtigt. Der angegebene Wert ist der für die ersten 4 Jahre berechnete Mittelwert. — In allen Fällen ist die genaue Zahl von Versuchstagen (vgl. Zahlentafel 3) berücksichtigt.
[2] Proben sind verloren gegangen.   [3] Abtragung auf jeder Seite.

Einzelwerten bilden, besteht eine beträchtliche Wahrscheinlichkeit dafür, daß der gefundene Unterschied kein zufälliger Versuchsfehler ist, sondern in der Tat eine gewisse Neigung zur Verlangsamung der Rostgeschwindigkeit im Laufe der Zeit anzeigt.

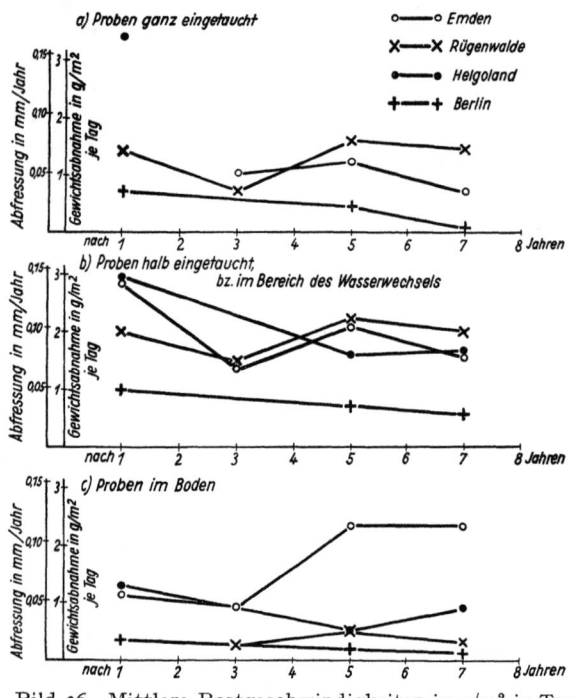

Bild 36. Mittlere Rostgeschwindigkeiten in g/m² je Tag und mm/Jahr

Der Einfluß der Walzhaut wurde nicht untersucht. Er hat sich — abgesehen von der S. 6 genannten Begünstigung der Ungleichmäßigkeit des Angriffs — vermutlich dahin ausgewirkt, daß in den ersten 2 Jahren der Angriff gehemmt wurde. Bei längerer Versuchsdauer war die Walzhaut im allgemeinen abgerostet. Das Gewicht der Walzhaut kann auf etwa 0,05 kg je Spundbohlen-Abschnitt geschätzt werden. Es spielt also neben den Gewichtsabnahmen infolge des Rostens eine nur geringe Rolle.

G. Vergleich der Versuchsergebnisse mit den Ergebnissen anderer Arbeiten

Die Ergebnisse der bereits S. 1 genannten Laboratoriumsversuche von O. Bauer, O. Vogel und C. Holthaus, entsprechen in den grundsätzlichen Punkten den in der vorliegenden Arbeit erhaltenen Ergebnissen bei Großversuchen. Im besonderen ergeben beide Arbeiten übereinstimmend, daß der Kupferzusatz im Stahl bei Gegenwart von Natriumchlorid keine merklich rosthemmende Wirkung hat.

Unterschiede treten in der Rostgeschwindigkeit auf: Während bei den Wechseltauchversuchen im Laboratorium sich eine Rostgeschwindigkeit von etwa 0,7 mm/Jahr errechnet, beträgt bei den in Helgoland im Bereich des Wasserwechsels befindlichen Versuchen, die den Wechseltauchversuchen weitgehend entsprechen, die Rostgeschwindigkeit 0,14—0,07 mm/Jahr und somit nur einen Bruchteil der im Laboratorium gemessenen Geschwindigkeit.

Weitgehende Vergleichsmöglichkeiten bietet eine Ar-

[9] Holthaus, C.: Untersuchungen über den Angriff von Spundwandeisen in Fluß- und Seewasser Arch. Eisenhüttenw. 8, (1935) 379.

beit von C. Holthaus[9]. Holthaus untersucht Ausschnitte aus etwa 20 Jahre alten Spundwänden, die als Uferbefestigung gedient hatten. Aus seinen Dickenmessungen lassen sich folgende mittlere Rostgeschwindigkeiten berechnen:

für Amrum (Nordsee), im Bereich des Wasserwechsels, 0,08 mm/Jahr,
„ Emden (Brackwasser) ganz im Wasser 0,05—0,09 mm/Jahr,
„ Lünen (Flußwasser), ganz im Wasser 0,0015—0,025 mm/Jahr.

Diese Werte sind im Durchschnitt etwas höher als die in dem vorliegenden Bericht mitgeteilten; im großen und ganzen aber ergibt sich nach beiden Untersuchungen weitgehende Übereinstimmung für die Rostgeschwindigkeit eiserner Spundwände durch Wasser. (Die von Holthaus untersuchten Wände bestanden durchgehend aus ungekupfertem Stahl.)

Schließlich seien die erhaltenen Ergebnisse noch mit den Werten verglichen, die das britische „Committee of the Institution of Civil Engineers" in seinem 15. Bericht mitteilt nach Versuchen, die in Halifax, Auckland, Plymouth und Colombo erhalten wurden. Diese Werte ergeben zwar für einige Fälle eine rosthemmende Wirkung eines Kupferzusatzes (0,6 und 2,1% Cu); im Durchschnitt aber erscheint auch nach diesen Werten der Wert des Kupfer-Gehaltes für die Rostbeständigkeit in Meerwasser fraglich.

Die absoluten Werte schwanken von Ort zu Ort sehr stark (besonders im Wasserwechsel; in Halifax etwa $^2/_3$, in Auckland etwa $^1/_3$, in Colombo etwa das 3fache der Werte von Plymouth). Für Plymouth, das wohl am meisten den örtlichen Verhältnissen der Versuche des vorliegenden Berichtes entspricht, errechnen sich die Rostgeschwindigkeiten im 5. bis 10. Jahr

für Meerwasser, im Wasserwechsel, zu etwa 0,06 mm/Jahr,
„ Meerwasser, ganz im Wasser, zu etwa 0,05 mm/Jahr,
„ Flußwasser, ganz im Wasser, zu etwa 0,03 mm/Jahr.

Auch hier besteht also eine Übereinstimmung, wie sie nicht besser zu erwarten war.

Auffällig ist, daß auch bei den Versuchen der Institution of the Civil Engineers fast stets der Angriff nach 10 Jahren weniger als doppelt so groß ist als nach 5 Jahren, ein Zeichen dafür, daß hier ebenfalls eine Abnahme der Rostgeschwindigkeit mit der Zeit eintritt.

H. Zusammenfassung:

1. Der Angriff der Spundbohlen-Abschnitte durch Meer- und Brackwasser und durch Moorboden betrug etwa 0,05—0,1 mm Abtragung je Jahr.
2. Der Angriff durch Flußwasser und durch die anderen drei untersuchten Böden war etwa 0,005—0,05 mm/Jahr.
3. Ein eindeutiger Einfluß des Kupfer-Gehaltes der Stähle auf die Rostbeständigkeit wurde nicht gefunden. Ebenso wurden St 37 und St 55 unter gleichen Bedingungen etwa gleich stark angegriffen.
4. Der Angriff war — abgesehen von einigen örtlichen Anfressungen — in den meisten Fällen ziemlich gleichmäßig; die örtlichen Anfressungen sind höchstwahrscheinlich auf den Einfluß der Walzhaut zurückzuführen.

5. Mit einiger Wahrscheinlichkeit läßt sich aus den Versuchen eine Abnahme der Rostgeschwindigkeit mit der Zeit ableiten. Gefunden wurde als Durchschnitt aus 136 bzw. 68 Einzelwerten aller Versuchsorte und Lagerungsarten die Rostgeschwindigkeit

0,065 mm/Jahr für das 1. und 2. Jahr,
0,053 mm/Jahr für das 7. und 8. Jahr.

Für Moorboden gilt diese Abnahme der Rostgeschwindigkeit wahrscheinlich nicht.

Den Preußischen Wasserbauämtern Berlin, Emden, Kolberg und Tönning, dem Büro für Uferschutzbauten Helgoland und der Hafenbauverwaltung Rügenwalde sprechen wir für ihre Unterstützung bei der Ausführung der Arbeiten unsern besten Dank aus.

ÜBER DIE VERROSTUNG ALTER IM WASSER- UND TIEFBAU VERWENDETER EISENTEILE

Von G. Schikorr und K. Alex

(Mitteilung aus dem Staatlichen Materialprüfungsamt Berlin-Dahlem)

Bei den mannigfachen Abbrüchen, die in den letzten Jahren in Berlin ausgeführt wurden, wurde eine große Zahl von alten Eisenteilen frei. Zur Erweiterung der Kenntnisse über die Rostbeständigkeit des Eisens beantragte der Deutsche Stahlbau-Verband beim Staatlichen Materialprüfungsamt Berlin-Dahlem eine entsprechende Untersuchung einiger alter Teile. Über diese Untersuchung und ihre Ergebnisse wird im folgenden berichtet. Eine frühere Veröffentlichung hierüber erfolgte in „Der Stahlbau" 1939, S. 3 - 8.

B. Herkunft der Teile

Die Hauptmenge der untersuchten Teile stammt vom Umbau der alten Stadtschleuse 1936/1937, die im Grundriß in Bild 1 wiedergegeben ist. Die Nummern 1 bis 5

NP 13 waren in der in Bild 1 angedeuteten Art eingebaut, so daß die Stege der NP 13 sich zwischen den Flanschen der NP 24 befanden.

a) Normalprofil NP 24

Der Abschnitt der NP 24 ist in Bild 2 in etwa $^1/_8$ nat. Größe von der einen Seite wiedergegeben. Bild 3 zeigt den unteren Teil des Abschnittes von der anderen Seite in etwa $^1/_4$ nat. Größe. Die eine Seite (Bild 2) war mit Betonresten bedeckt, diese Seite hatte also im eingebauten Zustand gegen Beton gelegen. Irgendein beträchtlicher Angriff war nicht zu erkennen[1]. Die andere Seite war auf ihrem unteren Teil (Bild 3) mit einer festhaftenden lehmigen, z. T. rostfarbigen Sandschicht bedeckt, in der mehrere größere Kalkmörtel- und Ziegel-Stücke fest eingewachsen

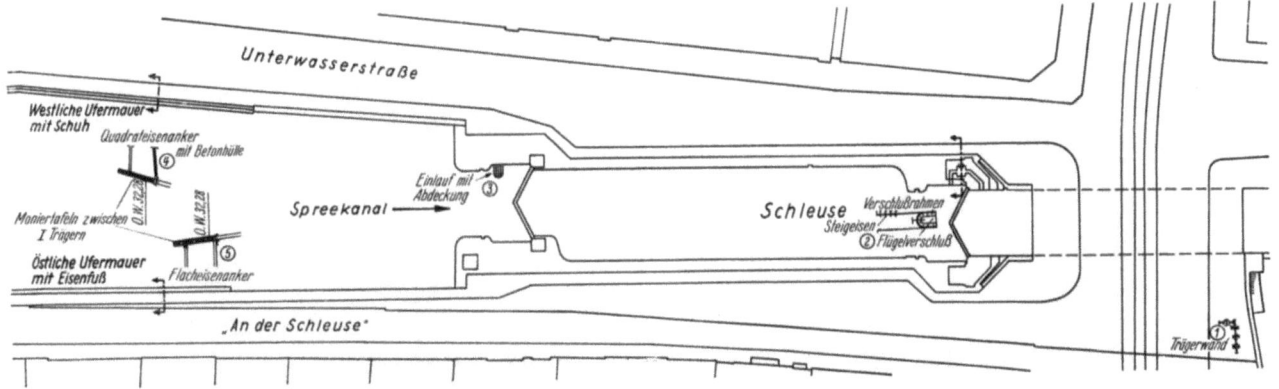

Bild 1. Grundriß der Schleuse.

kennzeichnen in ihm die Stellen, an denen sich die untersuchten Teile befunden hatten. Die Stellen waren:
1. Trägerwand aus Normalprofilen (vom Jahre 1896).
2. Umlauf vom westlichen Unterhaupt (vom Jahre 1863).
3. Rostabdeckung des westlichen Einlaufs am Oberhaupt (vom Jahre 1863).
4. Westliche Uferwand (vom Jahre 1890).
5. Östliche Uferwand (vom Jahre 1894).

Ferner wurden zwei Träger untersucht, die vom Bau der Berliner Untergrundbahn stammten und im Jahre 1907 eingebaut und anläßlich des Tunnelbaues für die unterirdische S-Bahn wieder freigelegt wurden. Einzelheiten über die untersuchten Teile sind in den betreffenden Abschnitten beschrieben.

B. Untersuchung von Normalprofilen aus einer Trägerwand

(Einbau 1896, vgl. Bild 1 bei 1)

Zur Untersuchung lagen je ein 1,50 m langer Abschnitt von Normalprofilen NP 24 und NP 13 vor; die NP 24 und

waren; auf dem oberen Teil befand sich eine ziemlich gleichmäßige lehmige grau-gelbe Sand-Rostschicht[2]. Diese Seite des NP 24 hatte also gegen das Erdreich gelegen.

Zur Feststellung des Angriffs unter der Sand-Rostschicht wurde das in Bild 2 mit a bezeichnete Stück abgesägt und von der Sand-Rostschicht befreit (zuerst mechanisch, dann mit Sparbeize-haltiger Salzsäure und durch kathodische Behandlung in Natronlauge). Ein praktisch belangreicher Angriff war jetzt nicht zu erkennen. Bild 4 zeigt in etwa $^1/_2$ nat. Größe das gereinigte Stück von der Beton-Seite, Bild 5 von der Boden-Seite her. Hier sind noch die Walzzeichen zu erkennen. Noch deutlicher ist die gute Erhaltung des NP 24 aus Bild 6 zu erkennen, die den geschliffenen Schnitt S (vgl. Bild 2) wiedergibt und zeigt, daß die Einfressungen belanglos sind.

---
[1] Worauf das verschiedene Aussehen des oberen und des unteren Teils zurückzuführen ist, ist hier unbekannt. Die dunklen Flächen auf dem oberen Teil sind rote Farbstriche.
[2] Die Ursachen für diese Verschiedenheit der anderen Seite sind ebenfalls unbekannt.

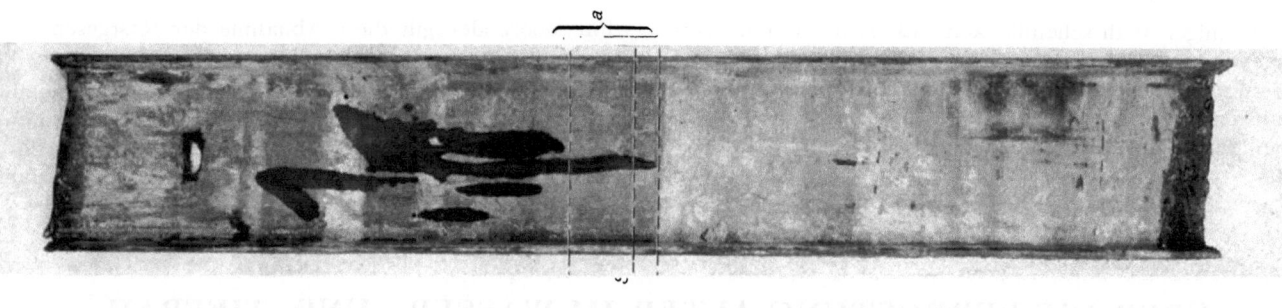

Bild 2. NP 24 (Betonseite).
* v = lin. Vergrößerung.
Alter 40 Jahre.

Bild 3. NP 24 (Bodenseite).
* v = lin. Vergrößerung.

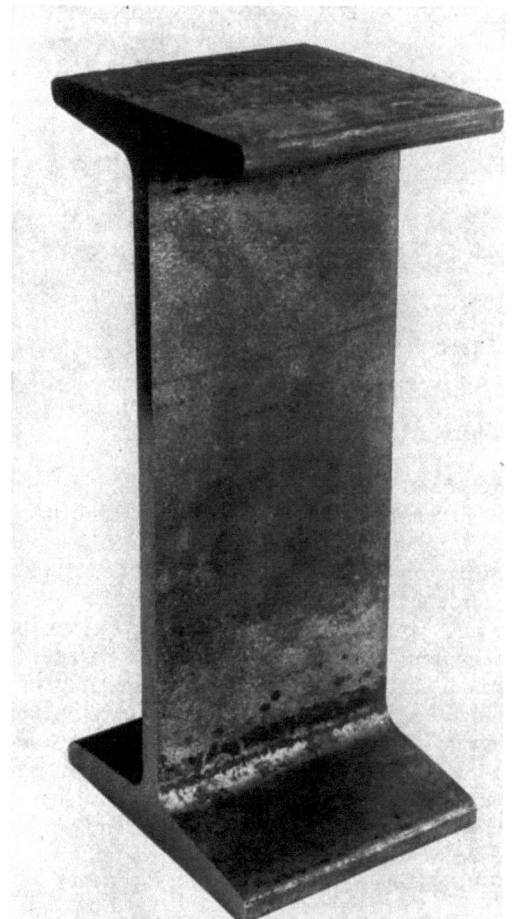

Bild 4. Abschnitt a aus Bild 2 entrostet (Betonseite).
* v = lin. Vergrößerung.

Bild 5. Abschnitt a aus Bild 2 entrostet (Bodenseite).
* v = lin. Vergrößerung.

Bild 6. Querschnitt durch NP 24 bei S in Bild 2.
 * v = lin. Vergrößerung.

Bild 8. NP 13.
 * v = lin. Vergrößerung.

Bild 7. Gefüge bei G in Bild 6.
 * v = lin. Vergrößerung.

Bild 9. Abschnitt a aus Bild 8 entrostet.
 * v = lin. Vergrößerung.

Bild 6 zeigt gleichzeitig die durch Ätzen mit Kupfer-Ammoniumchloridlösung kenntlich gemachte Zonenbildung infolge Schwefel- und Phosphor-Seigerungen, die als normal zu bezeichnen sind.

Das Gefüge des Stahls an der in Bild 6 mit G bezeichneten Stelle ist in Bild 7 wiedergegeben. Es handelt sich hiernach um kohlenstoffarmen Flußstahl mit beträchtlichen nichtmetallischen Einschlüssen, die im allgemeinen in der Walzrichtung gestreckt sind.

Die chemische Analyse des Stahls ist in Zahlentafel 1 wiedergegeben[3].

[3] Die Probespäne für die Analyse wurden hier und in allen folgenden Fällen über den ganzen Querschnitt entnommen.

Zahlentafel 1.

Chemische Analyse der untersuchten Eisenteile

Art des Eisenteils	Beschreibung Seite	Gehalt in % an							
		C	Si	Mn	P	S	Cu	Ni	Cr
NP 24	17	0,08	0,01	0,56	0,067	0,063	0,04	0,04	0,02
NP 13	21	0,04	0,01	0,51	0,064	0,026	0,08	0,05	0,02
Steigeisen	22	0,01	0,18	0,06	0,22	0,069	0,07	0,03	0,02
NP 20	25	0,02	0,02	0,42	0,074	0,065	0,05	0,03	0,02
NP 32	29	0,03	0,01	0,39	0,044	0,032	0,10	0,05	0,02
NP 30		0,04	0,01	0,40	0,107	0,092	0,10	0,05	0,02

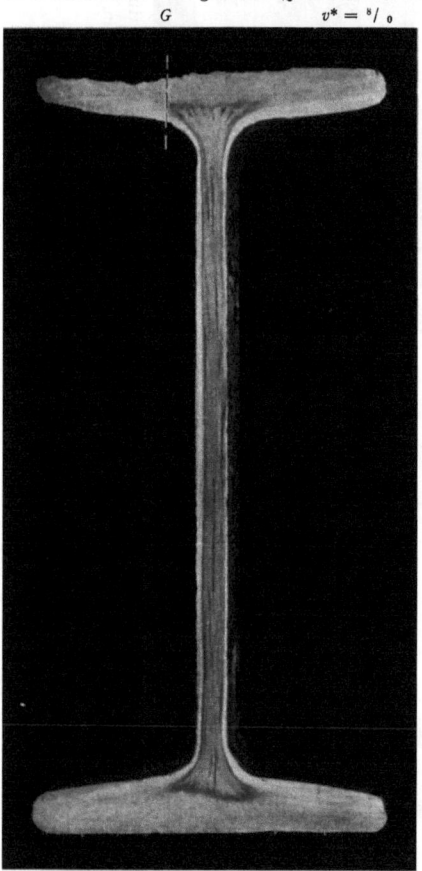

Bild 10. Schnitt durch NP 13 entsprechend S in Bild 8 und 9.
* v = lin. Vergrößerung.

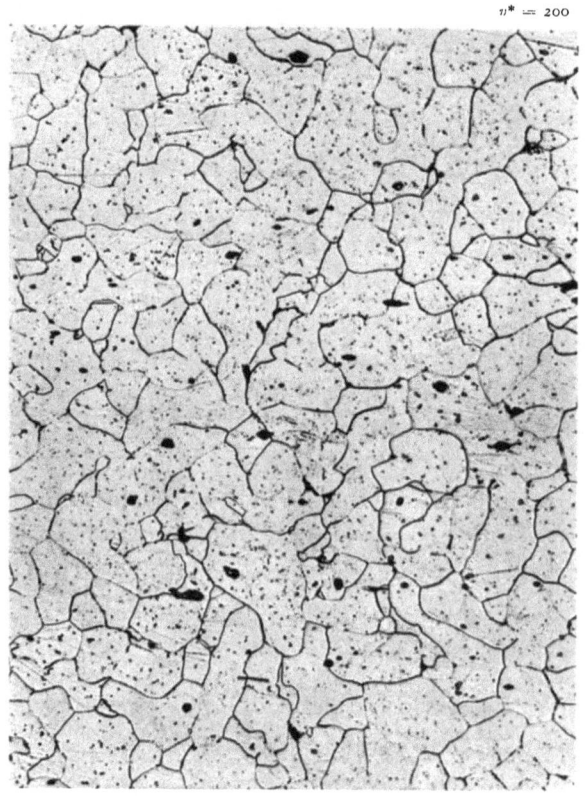

Bild 11. Gefüge bei G in Bild 10.
v = lin. Vergrößerung.

Bild 12. Teil des Flügelverschlusses (Alter 75 Jahre).
* v = lin. Vergrößerung.

Es handelt sich hiernach um Kohlenstoff-armen Flußstahl normaler Zusammensetzung.

b) Normalprofil NP 13

Der untersuchte Abschnitt des NP 13 ist in Bild 8 in etwa $^1/_8$ nat. Größe wiedergegeben. Er war auf beiden Seiten des Stegs mit z. T. dunklem, blasigen, z. T. braunem Rost bedeckt. (Der Steg hatte auf beiden Seiten unmittelbar an den Außenseiten von Flanschen des NP 24 gelegen.) Der eine Flansch zeigte etwa das Aussehen der gegen das Erdreich gelagerten Seite des NP 24, während der andere Flansch mit einer ähnlichen Rostschicht wie der Steg bedeckt war. Dieser Flansch zeigte einen nur geringen Angriff, während jener an einem Teil (vermutlich demjenigen, der sich in der Höhe des Grundwasserspiegels befunden hatte) erheblich angefressen war.

In Bild 9 ist die am stärksten angegriffene Stelle (in Bild 8 mit a bezeichnet) nach Entrosten in etwa $^8/_{10}$ nat. Größe wiedergegeben. Man erkennt die deutlichen Anfressungen an dem einen Flansch.

Bild 10 zeigt einen geschliffenen Querschnitt durch den Träger an der Stelle der stärksten Anfressung in $^8/_{10}$ nat. Größe, aus dem sich die Stärke der abgerosteten Schicht zu höchstens etwa 4 mm ergibt. Hieraus errechnet sich die größte Korrosionsgeschwindigkeit zu etwa 0,1 mm Abtragung je Jahr. Es ist dabei jedoch zu beachten, daß es sich um einen Höchstwert handelt und der Träger an den meisten anderen Stellen erheblich besser erhalten war.

Die Werkstoff-Untersuchung des Trägers hatte das folgende Ergebnis:

Die Seigerungen waren ziemlich gering (vgl. Bild 10). Das Gefüge (bei G, Bild 10, festgestellt) entsprach Kohlenstoff-armem Flußstahl mit geringen nichtmetallischen Einschlüssen (vgl. Bild 11). Die chemische Analyse ist in Zahlentafel 1 wiedergegeben.

Nach der Analyse handelt es sich um Kohlenstoff-armen Flußstahl normaler Zusammensetzung.

C. Untersuchnng von Eisenteilen vom Umlauf und Einlauf

(vgl. Bild 1 bei 2 und 3. Einbau 1863)

Untersucht wurden:
1 Flügelverschluß, 1 Steigeisen, 1 Stück des Verschlußrahmens, 1 Rostabdeckung.

a) Flügelverschluß

Der Einbau des Flügelverschlusses in den Umlauf ist in Bild 1 dargestellt. Der Verschluß, der aus Schmiedeeisen bestand, war größtenteils stehendem, beim Schleusen jedoch sehr rasch fließendem Flußwasser[4] ausgesetzt gewesen. Zur Verfügung stand nur etwa $^1/_6$ des Verschlusses.

[4] Spreewasser (an der Schleuse Charlottenburg) enthält folgende Bestandteile (je l): Kieselsäure 11 mg, Kalk 65 mg, Magnesia 8 mg, Kohlensäure (einfach gebunden) 49 mg, Schwefelsäure (SO_3) 19 mg, Chlor (gebunden) 28 mg, organische Stoffe 103 mg, Trockenrückstand (Gesamt) 257 mg, Schwefelwasserstoff und Salpetersäure fehlen, Gesamthärte 7,6, bleibende Härte 1,4.

Bild 13. Steigeisen (Alter 75 Jahre).
* v = lin. Vergrößerung.

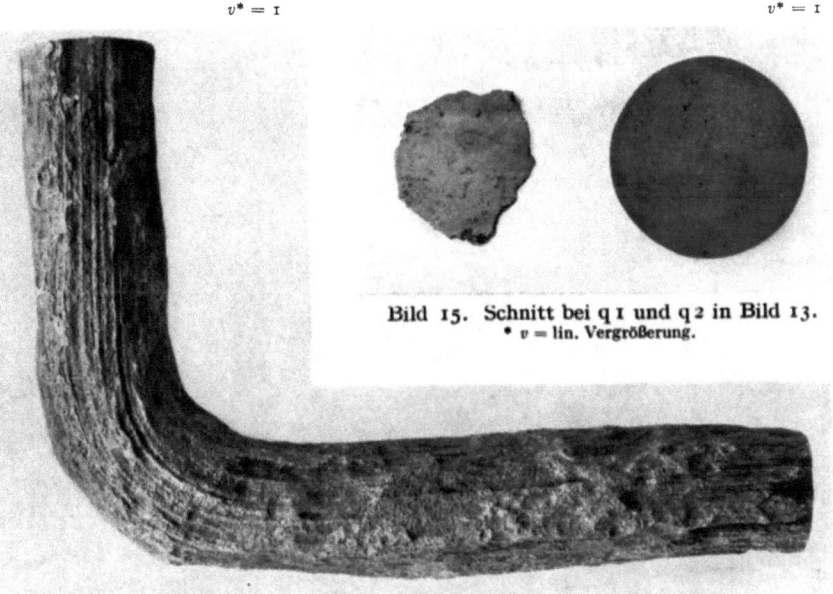

Bild 15. Schnitt bei q 1 und q 2 in Bild 13.
* v = lin. Vergrößerung.

Bild 14. Abschnitt aus Bild 13, entrostet.
* v = lin. Vergrößerung.

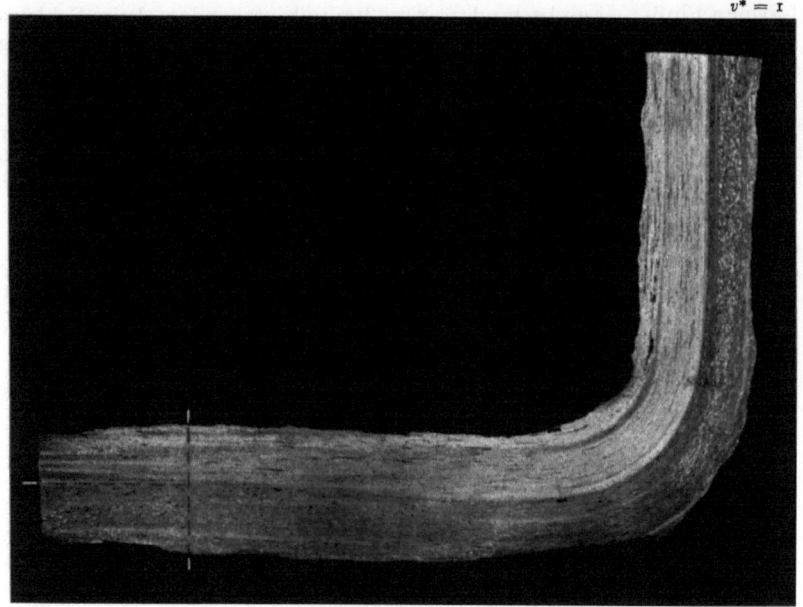

Bild 16. Geätzter Längsschliff durch Abschnitt a in Bild 13.
* $v =$ lin. Vergrößerung.

Bild 12 gibt dieses in etwa $1/3$ nat. Größe wieder. Auf ihm waren noch Reste eines Mennige-Anstriches vorhanden. Ein beträchtlicher Angriff war nirgends erkennbar. Von einer näheren Untersuchung des Flügelverschlusses wurde abgesehen.

b) Steigeisen

Das eingesandte Steigeisen bildete eine Sprosse einer in die Wand des Einstiegschachtes zum Flügelverschluß eingelassenen Leiter (vgl. Bild 1 bei 2). Es befand sich dauernd unter Wasser und zwar bei etwa den gleichen Bedingungen wie der Flügelverschluß.

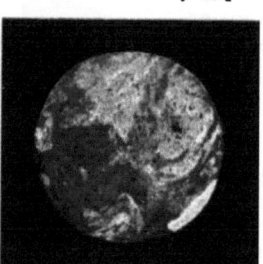

Bild 17. Geätzter Querschliff bei q 1 in Bild 13.
* $v =$ lin. Vergrößerung.

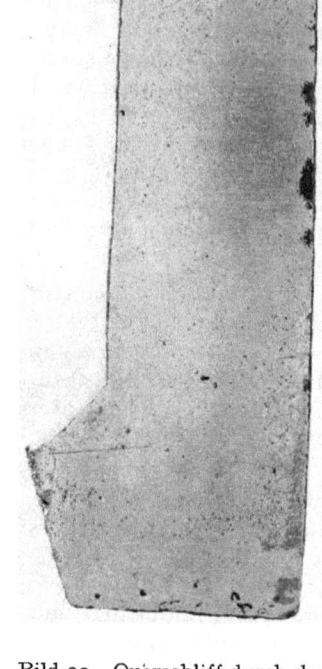

Bild 20. Querschliff durch den Verschlußrahmen (Alter 75 Jahre).
* $v =$ lin. Vergrößerung.

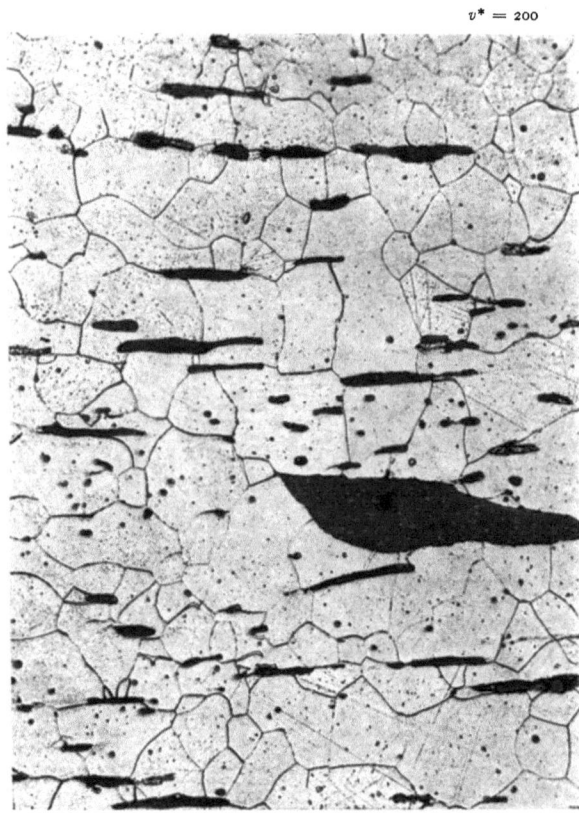

Bild 18. Gefüge bei a in Bild 16.
* $v =$ lin. Vergrößerung.

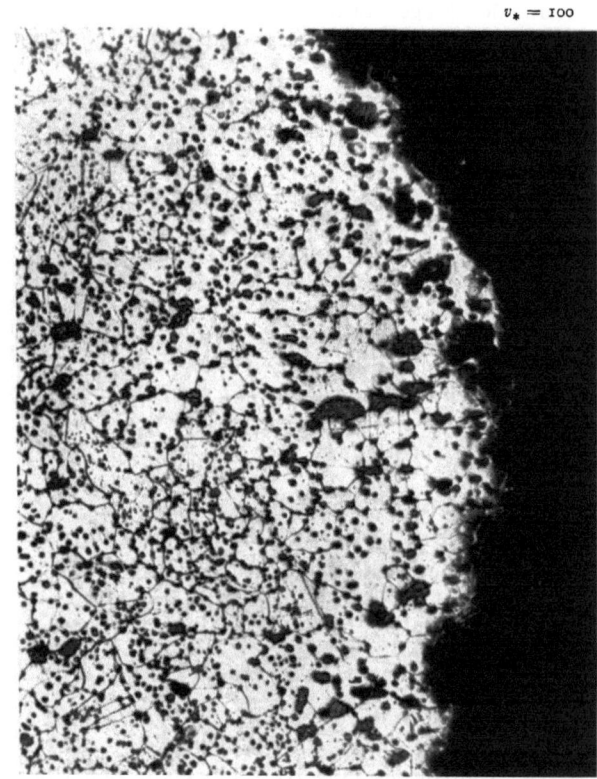

Bild 19. Randzone des Querschliffs Q in Bild 16.
* $v =$ lin. Vergrößerung.

$v^* = {}^1/_6$

Bild 21. Rostabdeckung (schräg von oben aufgenommen) (Alter 75 Jahre).
* v = lin. Vergrößerung.

Das Steigeisen ist in Bild 13 in etwa $^1/_4$ nat. Größe wiedergegeben. Deutlich sind in dem Bild die in das Mauerwerk eingelassen gewesenen, noch völlig unangegriffenen Enden von dem stark angefressenen Mittelteil, der dem Wasser ausgesetzt gewesen war, zu unterscheiden. Besonders stark[5] war der Angriff kurz nach der einen Austrittsstelle aus dem Mauerwerk.

Die angegriffene Fläche zeigte eine Art Faserstruktur in der Walzrichtung. In Bild 14 ist das in Bild 13 mit a bezeichnete Stück in nat. Größe wiedergegeben. Hier ist die Faserstruktur deutlich zu erkennen (vgl. dazu weiter unten).

Zur Bestimmung der Abtragungsstärke wurden bei $q1$ und $q2$ in Bild 13 Querschliffe des unangegriffenen und des angegriffenen Teiles des Steigeisens hergestellt, die in Bild 15 in natürlicher Größe wiedergegeben sind. Hieraus ermißt sich eine Höchstabtragung von etwa 6 mm, d. h. etwa 0,1 mm je Jahr.

Das Gefüge des Steigeisens ist in den Bildern 16, 17 und 18 wiedergegeben. Bild 16 und 17 zeigen einen Längs- und einen Querschliff (geätzt) in etwa natürlicher Größe, woraus sich erkennen läßt, daß es sich um Paketier-Schweißstahl handelt. Bild 18 gibt das Mikrogefüge an einer besonders charakteristischen Stelle (bei a in Bild 16 als Längsschliff) in 200facher Vergrößerung wieder. Es besteht im wesentlichen aus Ferritkristallen und z. T. sehr großen nicht-metallischen Einschlüssen (Schweißschlacke), die in der Walzrichtung gestreckt sind. Die Analyse ist in Zahlentafel 1 wiedergegeben. Nach dieser Analyse handelt es sich um einen Schweißstahl mit hohem Phosphor-Gehalt.

Da es wahrscheinlich war, daß die Faserstruktur des verrosteten Steigeisens mit dem Gefüge in Zusammenhang stand, wurde ein Querschiff einer angegriffenen Stelle hergestellt. Eine Zone am Rand ist in Bild 19 in 100facher Vergrößerung wiedergegeben. Sie läßt erkennen, daß die am Rand gelegenen nichtmetallischen Einschlüsse weitgehend herausgefressen sind, wonach sich die Faserstruktur der angefressenen Eisenoberfläche leicht erklären läßt. Zu Bild 19 muß jedoch bemerkt werden, daß nicht an allen Stellen der Probe die Ausfressungen so gut zu erkennen sind.

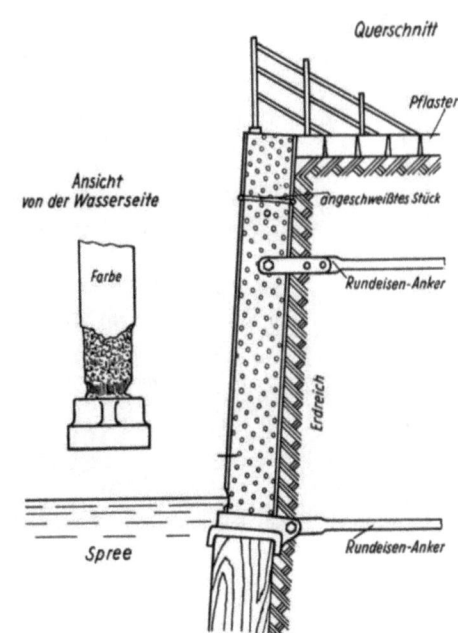

Bild 22. Monierwandträger mit Fuß (westliche Ufermauer).

c) Verschlußrahmen

Das untersuchte Stück des Verschlußrahmens bestand aus Gußeisen. Es war auf drei Seiten in Mauerwerk gebettet und auf der vierten (einer Stirnseite) dem Wasser unter ähnlichen Bedingungen ausgesetzt gewesen wie der Flügelverschluß (S. 21). Äußerlich sah das Stück völlig unangegriffen aus. Wie der in Bild 20 in nat. Größe wiedergegebene Querschliff zeigt, war jedoch bis zu einer Tiefe

---
[5] Alle Ausdrücke wie „stark", „beträchtliche Anfressungen" usw. sind relativ zu verstehen. Für die lange Einwirkungszeit ist die gefundene Verrostung auffällig gering. In der chemischen Industrie wird eine Abtragung von 0,1 mm je Jahr als „völlig beständig" bezeichnet.

Bild 25. Wasserseite des unteren Abschnittes des NP 20 mit Fuß (Alter 45 Jahre).
* v = lin. Vergrößerung.

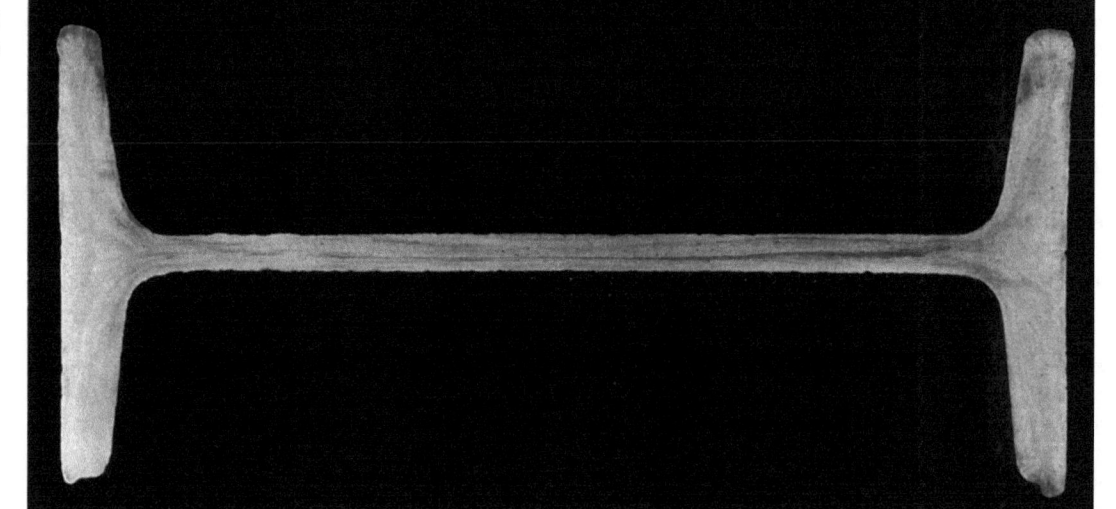

Bild 24. Geätzter Querschliff bei q in Bild 23.
* v = lin. Vergrößerung.

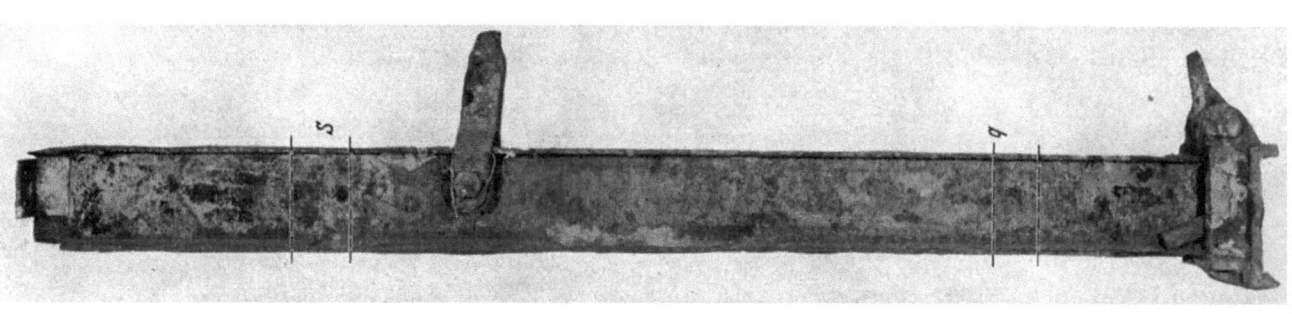

Bild 23. Monierwandträger mit Fuß (NP 20) (Alter 45 Jahre).
* v = lin. Vergrößerung.

von etwa 6 mm Graphitierung eingetreten. Hieraus errechnet sich ein etwa gleich starker Angriff wie bei dem Steigeisen (0,1 mm je Jahr). Von einer weiteren Untersuchung des Verschlußrahmens wurde abgesehen.

d) Rostabdeckung

Die Rostabdeckung, von der etwa $^1/_4$ zur Verfügung stand, stammte vom wesentlichen Einfluß am Oberhaupt und war etwa den gleichen Bedingungen ausgesetzt gewesen wie das Steigeisen. Der vorhandene Teil ist in Bild 21 in etwa $^1/_6$ der nat. Größe wiedergegeben. Da der Angriff sehr ähnlich war wie bei dem Steigeisen, wurde die Rostabdeckung nicht näher untersucht.

D. Untersuchung von Teilen der Ufermauern

(vgl. Bild 1 bei 4 und 5. Einbau 1890 und 1894)

Eingesandt wurden von der westlichen Ufermauer (1890):

1 Monierwandträger (NP 20) mit Fuß
1 Rundeisenanker mit Betonummantelung,

von der östlichen Ufermauer 1894:

1 Flacheisenanker
1 U-Eisen als Monierwandträger-Fuß
1 Flacheisen (als Holm) mit Nägeln.

a) Monierwandträger (NP 20) mit Fuß

Die Anordnung des Monierwandträgers ist in Bild 22 dargestellt. Auf der offenbar etwa in Höhe des Wasserspiegels endenden Spundwand, die das Ufer gegen das Wasser der Spree abdeckte, war der gußeiserne Fuß befestigt; in diesem stand der Monierwandträger. Seine beiden Stegseiten und das Innere der Flanschen waren mit Beton bedeckt. Die Außenseite des einen Flansches grenzte gegen das Erdreich, war aber auch noch mit beträchtlichen Mengen Beton behaftet. Die Außenseite des anderen

Bild 27. Unterer Abschnitt des NP 20, entrostet (Schrägansicht).
* v = lin. Vergrößerung.

Bild 26. Unterer Abschnitt des NP 20, entrostet (Seitenansicht).
* v = lin. Vergrößerung.

Flansches war am untersten Teil mit Wasser bespült und sonst der Atmosphäre und gelegentlichen Wasserspritzern ausgesetzt. Im Erdreich war der Träger mit Beton-ummantelten Rundeisen verankert (vgl. weiter unten). Am oberen Ende des Trägers war eine Winkelkonsole befestigt, die zur Anbringung des Ufer-Geländers diente.

$v^* = 2/_3$

getreten. Die Außenseite des nach der Spree gelegenen Flansches war zum größten Teil noch mit einem Mennige-Anstrich bedeckt, unter dem das Eisen praktisch unangegriffen war. Bild 24 gibt einen Querschnitt durch den Träger der in Bild 23 mit q bezeichneten Stelle, an der sich noch Anstrich befand, in $2/3$ natürlicher Größe wieder. Wie

$v^* = 2/_3$

Bild 28. Schweißung bei S in Bild 23.
* $v =$ lin. Vergrößerung.

Bild 30. Rundeisenanker mit Beton-Ummantelung (Ummantelung oben entfernt) (Alter 45 Jahre).
* $v =$ lin. Vergrößerung.

$v^* = 2$

Bild 29. Geätzter Querschliff durch die Schweißung
* $v =$ lin. Vergrößerung.

In Bild 23 ist der Träger (mit Fuß) in etwa $1/10$ nat. Größe von einer Seite her wiedergegeben. Im ganzen war er gut erhalten. Im besonderen war (mit der unten näher beschriebenen Ausnahme) am Steg und an dem nach dem Erdreich gelegenen Flansch praktisch kein Angriff auf-

das Bild zeigt, ist der Angriff hier an allen Seiten des Trägers belanglos.

Beträchtliche Anfressungen waren jedoch am untersten Teil des Trägers zu beobachten, der sich offenbar in Höhe des Wasserspiegels befunden hatte. Bild 25 zeigt den untersten Teil mit dem Trägerfuß in etwa $1/2$ nat. Größe von der Wasserseite her. An dem obersten, in Bild 25 erkennbaren Teil ist noch der rosthemmende Anstrich zu erkennen. Darunter zeigen sich deutliche Verrostungen, die vor Eintritt des Trägers in den Fuß so stark werden, daß ein etwa 2 cm breites Stück des Flansches in seiner ganzen Dicke herausgefressen ist. Merkwürdigerweise ist

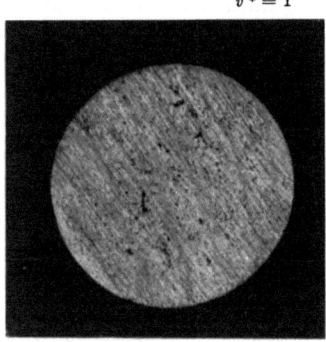

Bild 31. Querschnitt durch den Rundeisenanker.
* v = lin. Vergrößerung.

Bild 32. Flacheisenanker.
* v = lin. Vergrößerung.

das jedoch nur auf einer Hälfte der Fall, während der Angriff auf der anderen Hälfte viel geringer war. Welche besonders ungünstigen Umstände für die stark angegriffene Hälfte vorlagen, läßt sich nicht mehr übersehen.

Von dem Träger wurde — nach Herausheben aus dem Fuß — unten ein etwa 40 cm langes Stück abgeschnitten und mit Hilfe von Sparbeize entrostet. Das Stück ist in Bild 26 von der Seite, in Bild 27 schräg von vorn in etwa $1/2$ nat. Größe wiedergegeben. Wie aus diesen Abbildungen ersichtlich ist, hat der bei weitem stärkste Angriff an dem Flansch, der dem Wasser zugekehrt war, stattgefunden. Aber auch der Steg und der andere Flansch zeigten deutliche Anfressungen, was darauf hindeutet, daß Wasser zwischen Träger und Beton eindringen und sich dort ziemlich frei bewegen konnte.

Das Gefüge des Werkstoffes des Trägers bestand aus Ferritkristallen und in der Walzrichtung gestreckten Schlackeneinschlüssen. Die Analyse ist in Zahlentafel 1 wiedergegeben. Es handelt sich demnach um kohlenstoff-armen Flußstahl.

Der gußeiserne Fuß zeigte beträchtliche Graphitierung. Er wurde nicht näher untersucht.

An der in Bild 23 mit S bezeichneten Stelle war (aus nicht mehr erkennbaren Ursachen) ein Stück an den ursprünglich kürzeren Träger angeschweißt worden. Da es sich um eine offenbar sehr frühe Schweißung handelt, wurde sie etwas näher untersucht. In Bild 28 ist das betreffende Stück nach Herausschneiden und Entrosten in etwa $2/3$ nat. Größe wiedergegeben. Wie man erkennt, ist die Schweißung für heutige Begriffe sehr schlecht. Bild 29 zeigt einen geätzten Querschliff der Schweißung in etwa doppelter Vergrößerung. Man erkennt einen breiten nicht verschweißten Spalt im Innern des Bleches, starke Ungleichmäßigkeiten der Schweißung und nicht ausreichenden Einbrand. Zu bemerken ist aber, daß die Schweißung ihren Zweck völlig erfüllt hat und daß keinerlei beachtenswerte Korrosionserscheinungen aufgetreten sind.

b) Rundeisenanker mit Betonummantelung

Der Rundeisenanker, dessen Anordnung in Bild 22 dargestellt ist, hatte sich zum größten Teil im Erdreich befunden. Die Betonummantelung war noch fast unver-

Bild 33. Abschnitt a aus Bild 32, entrostet.

sehrt. (In Bild 30 ist ein Abschnitt mit zum Teil abgeschlagener Ummantelung in etwa $2/3$ nat. Größe wiedergegeben.)

Auch das Eisen zeigte unter dem Beton keinen nennenswerten Angriff. Bild 31 gibt einen Querschnitt durch das Eisen wieder, aus dem zu erkennen ist, daß das Eisen praktisch unangegriffen ist.

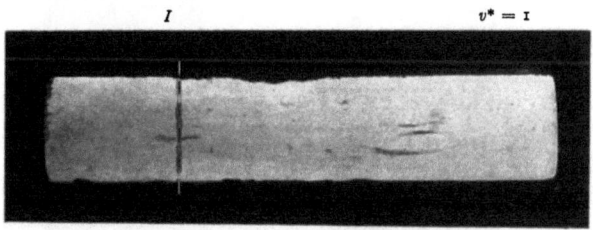

Bild 34. Geätzter Querschliff.
* v = lin. Vergrößerung.

c) Flacheisenanker

Der Flacheisenanker, der sich in gleicher Anordnung wie der Rundeisenanker in Bild 22 im Boden befunden hatte, war nicht mit Beton ummantelt, sondern mit einem Mennige-Anstrich versehen.

In Bild 32 ist ein Abschnitt des Ankers in etwa $1/6$ nat. Größe wiedergegeben. Er ist an einigen Teilen noch mit dem unversehrten Anstrich bedeckt, während an anderen beträchtliche mit Rost durchsetzte Sand- und Steinmengen festgebacken sind. Nach Reinigung des Ankers zeigte sich,

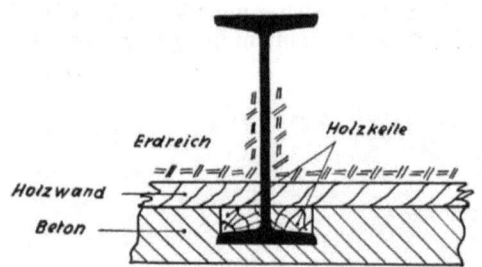

Bild 35 Anordnung der Träger.

daß an den Stellen, an denen der Anstrich gehaftet hatte, der Werkstoff noch völlig unangegriffen war, während an den anderen Stellen ein z. T. deutlicher Angriff eingetreten war. Bild 33 zeigt in etwa $^3/_4$ natürlicher Größe die an dem in Bild 32 mit a bezeichneten Teil beobachteten Anfressungen. Wie Bild 34, das einen geätzten Querschliff bei q in Bild 32 in etwa natürlicher Größe darstellt, zeigt, sind die Anfressungen jedoch nur etwa 1 mm tief, so daß sie praktisch vernachlässigt werden können. Wie Bild 34 weiter zeigt, enthielt der Flacheisenanker nur geringe Seigerungen. Das Gefüge des Ankers, an einem Längsschliff (in Bild 34 bei 1) festgestellt, besteht aus Ferrit, Spuren von Perlit und in der Längsrichtung gestreckten nichtmetallischen Einschlüssen. Es handelt sich hiernach ebenfalls um kohlenstoffarmes Flußeisen. Von einer chemischen Analyse wurde abgesehen.

Die übrigen eingesandten Teile wurden nicht untersucht, da nicht zu erwarten war, daß die Untersuchung neue Befunde ergeben würde.

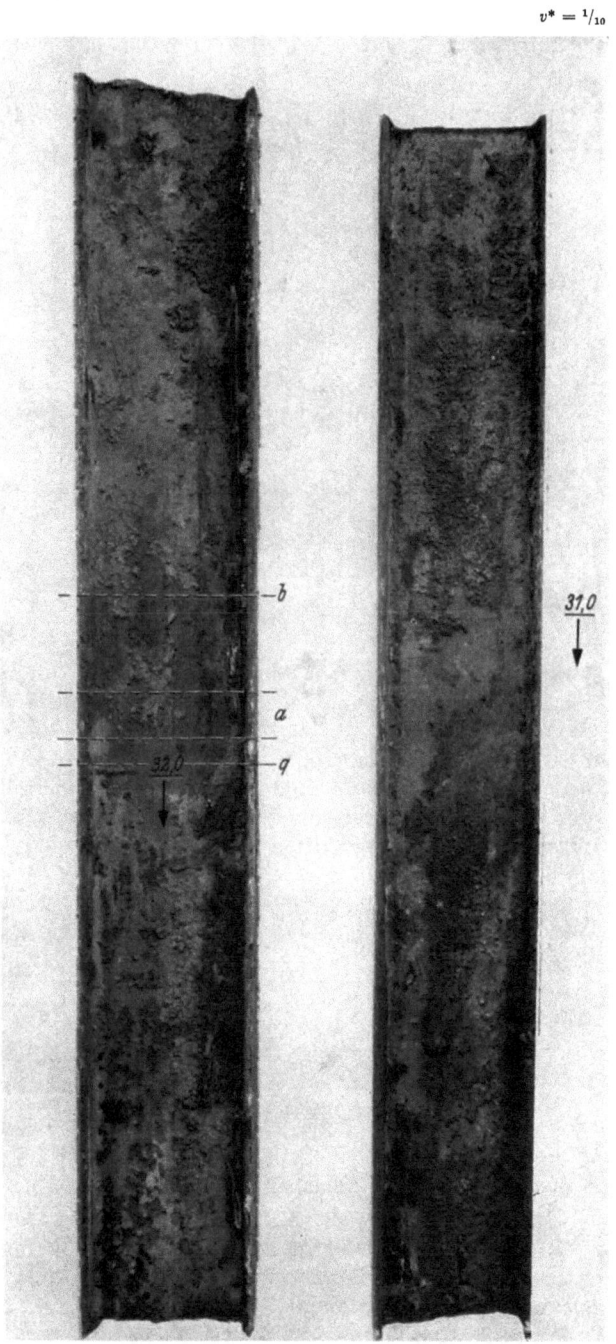

Bild 36. NP 32   NP 30 (Alter 30 Jahre).
* v = lin. Vergrößerung.

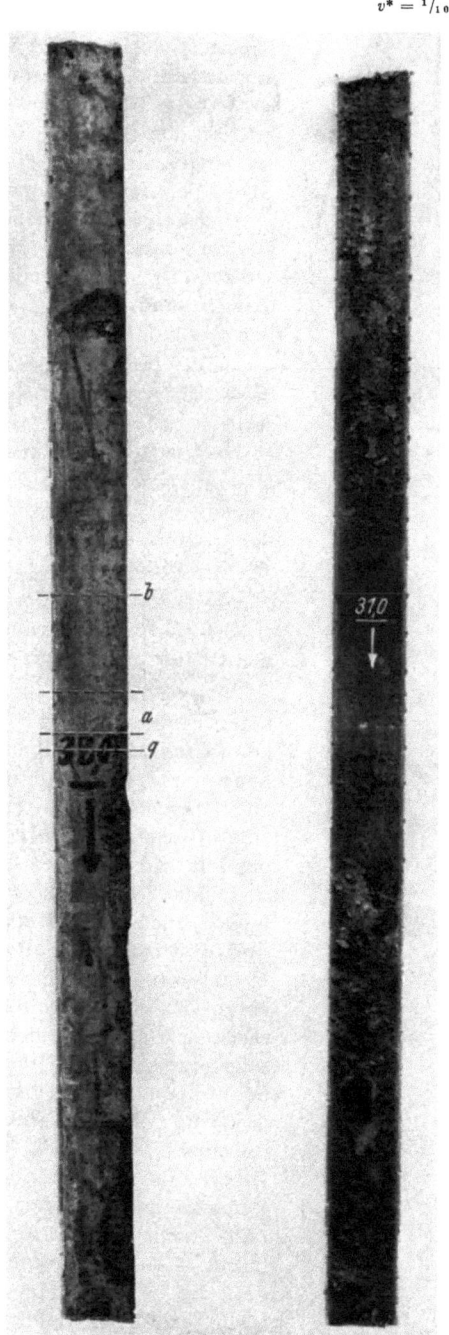

Bild 37. NP 32   NP 30 (Alter 30 Jahre).
* v = lin. Vergrößerung.

$v^* = 1/2$

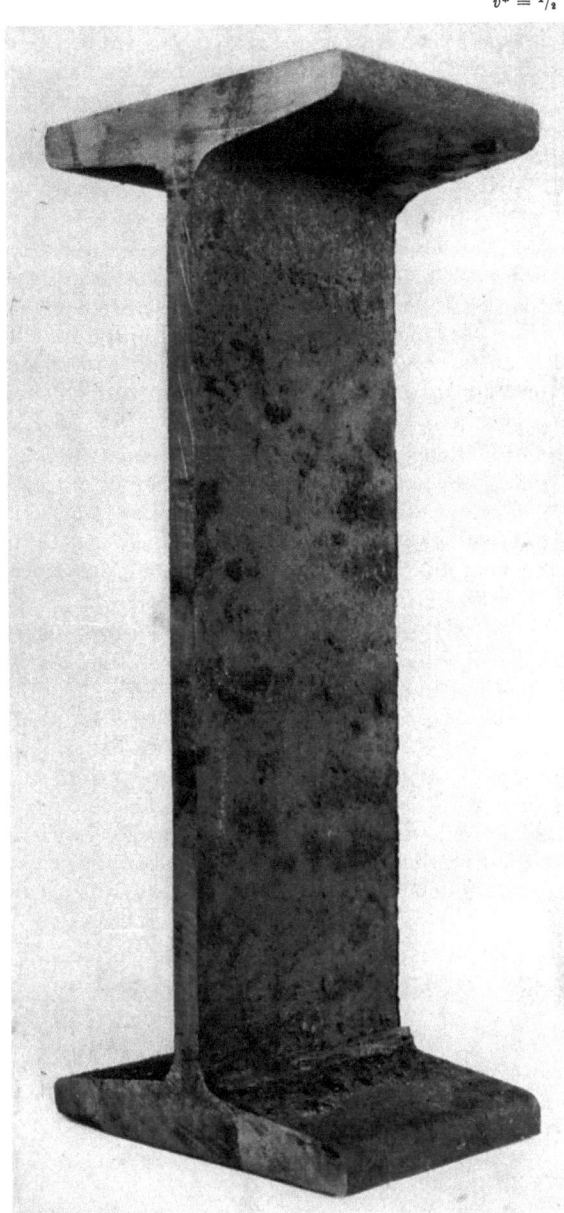

Bild 38. Gut erhaltener Abschnitt bei a in Bild 36 und 37.
* v = lin. Vergrößerung.

E. Untersuchung von Normalprofilen vom Bau der Berliner Untergrundbahn
(Einbau 1907)

a) Vorgeschichte

Es handelt sich um zwei Träger von den Normalprofilen NP 32 und NP 30. NP 32 hatte zur Abstützung einer Tunnelwand gedient, und zwar war es dabei in der in Bild 35 veranschaulichten Weise verwendet worden. Der betreffende Teil des Tunnels war einige Jahre später abgebrochen und außer Betrieb gesetzt worden, der Träger war jedoch — ganz im Boden befindlich — stehen geblieben. 1937 wurde er anläßlich des Tunnelbaues für die unterirdische S-Bahn wieder freigelegt.

NP 30 hatte nur als Hilfskonstruktion beim Tunnelbau gedient und war dann senkrecht stehend im Boden geblieben, um 1937 ebenfalls freigelegt zu werden.

Der Boden besteht im wesentlichen aus Sand, der etwas Lehm enthält. Die Höhe des Grundwasserspiegels war 1928 30,30 m über dem Meeresspiegel. Er sank (infolge von Tiefbau-Ausführungen) auf 28,50 m. Die Träger befanden sich im Bereich des Grundwasserspiegels.

b) Beschreibung des Aussehens der Normalprofile

Die Träger zeigten im Ganzen einen nur geringen Rostangriff. Sie sind in Bild 36 und 37 in etwa $1/10$ nat. Größe wiedergegeben. Die eingeschriebenen Zahlen bedeuten die Höhe der betreffenden Stelle über dem Meeresspiegel. Abgesehen von Stellen des NP 32, die sich in der Nähe des Grundwasserspiegels befunden hatten (vgl. Abschnitt d), wurden überhaupt keine Stellen beträchtlichen Angriffs gefunden. An NP 32 waren noch beträchtliche Teile der in Bild 35 angegebenen Holz-Verkeilungen vorhanden.

Auf der Hälfte der Träger, die sich oberhalb des Grundwasserspiegels befunden hatten, war die Walzhaut noch zum großen Teil unbeschädigt. Bild 38 zeigt eine solche Stelle (a in Bild 36 und 37) in etwa $1/2$ nat. Größe. An anderen Stellen hatte sich mit Sand vermischter Rost gebildet.

Auf der Hälfte, die sich unterhalb des Grundwasserspiegels befunden hatte, waren bei NP 32 kaum Unterschiede gegen die obere Hälfte erkennbar. Bei NP 30 hingegen war die Walzhaut zum größten Teil nicht mehr vorhanden. Der Stahl war hier — und zwar besonders auf der unteren Hälfte des Trägers — mit einem festen gelben Sand-Rost-Gemisch bedeckt, unter dem der Stahl in nur geringem Maße angefressen war.

c) Untersuchung des Werkstoffes und des Rostes

Wie die metallographische und chemische Untersuchung ergab, waren beide Werkstoffe Kohlenstoff-armer Flußstahl mit geringen Mengen von nichtmetallischen Einschlüssen. Die chemische Analyse beider Stähle ist in Zahlentafel 1 wiedergegeben.

Das unterhalb des Grundwasserspiegels bei NP 30 entstandene gelbe Rost-Sand-Gemisch war z. T. sehr fest. Es ließ sich nur mit dem Hammer entfernen, während es der Behandlung mit sparbeizehaltiger Salzsäure oder mit

$v^* = 1$

Bild 39. Angefressene Flanschkante des NP 32 bei Marke 32 in Bild 36 u. 37.
* v = lin. Vergrößerung.

Natronlauge unter kathodischer Polarisation weitgehenden Widerstand entgegensetzte.

Da derartige Rost-Sand-Gemische möglicherweise

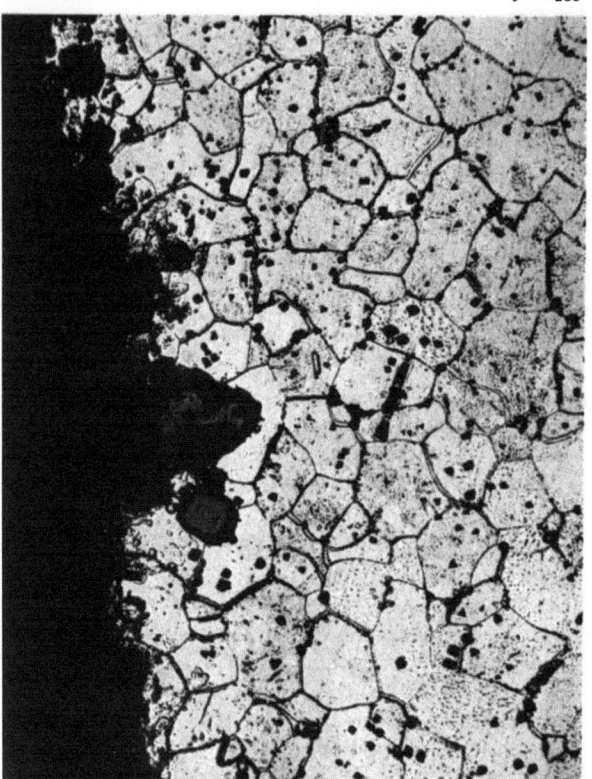

Bild 40. Gefüge des NP 32 bei Anfressung in Bild 39
* v = lin. Vergrößerung.

einen guten Schutz gegen Korrosion bieten, wurden sie im vorliegenden Fall analysiert. Die Analyse ergab:

- In Salzsäure lösliche Kieselsäure
 (SiO_2) 0,2%
- ,, ,, unlösliche Kieselsäure (SiO_2) . . . 78,4%
- ,, ,, unlösliches Aluminiumoxyd (Al_2O_3) . 2,7%
- Eisenoxyd (Fe_2O_3) 12,3%
- Eisenoxydul (FeO) 0,6%
- Feuchtigkeit (bei 105° bestimmt) 0,7%
- Chlorid und Sulfat . . . . . Spuren

(Der an 100% fehlende Anteil besteht wahrscheinlich im wesentlichen aus Kalk, Magnesia, in Salzsäure löslichem Aluminiumoxyd und chemisch gebundenem Wasser.) Nach dieser Analyse besteht das Gemisch in der Hauptsache aus lehmhaltigem Sand, der offenbar durch den Rost gewissermaßen zusammengekittet ist. Auffällig ist der geringe Gehalt an löslicher Kieselsäure.

d) Untersuchung der Anfressungen

Wie schon in Abschnitt b gesagt wurde, wiesen die Träger im allgemeinen einen geringen Rostangriff auf.

Stellen starken Angriffs waren nur an NP 32 in der Nähe des ursprünglichen Grundwasser-Spiegels (30,30 m) entstanden und zwar handelte es sich hier um zwei Arten von Angriffen.

Die erste Art des Angriffs hatte die Flansch-Kanten befallen. Eine solche Anfressung war in der Höhe 32,0 m entstanden (vgl. Bild 37[6]). Sie war recht beträchtlich. Die Einfressungstiefe (von der Flansch-Kante aus gerechnet und nach dem Entfernen des in ihr noch vorhandenen Rostes mit Hilfe von Sparbeize und kathodischer Behandlung in Natronlauge) betrug 9 mm. In Bild 39 ist diese Stelle in etwa natürlicher Größe wiedergegeben.

Träger I zeigte noch mehrere Anfressungen dieser Art, jedoch nur an der in Bild 37 gezeigten Flansch-Kante. Die anderen Flansch-Kanten zeigten nur geringe Anfressungen. Worauf diese Verschiedenheit der Flansch-Kanten beruht, läßt sich nicht sagen; möglicherweise handelt es sich um Folgen von Beschädigungen der ursprünglich vorhandenen Walzhaut.

Zur Feststellung der Bedeutung des Gefüges für den Angriff wurde ein entsprechender Schliff hergestellt, der poliert und geätzt wurde. Wie Bild 40 zeigt, war kein einfacher Zusammenhang zwischen Gefüge und Angriff, im besonderen kein Einfluß der Einschlüsse oder der Korngrenzen zu erkennen.

Die zweite Art des Angriffs bei Träger I war muldenförmig; sie hatte unter den Holzverkeilungen stattgefunden, und zwar hier nur in der Zone zwischen 31 und 33 m. (Die Verlagerung des Angriffs gegen die Angriffsart 1 ist wahrscheinlich auf die Wasser-saugende Wirkung des Holzes zurückzuführen.) Beispiele für diese Anfressungen sind in Bild 41 in der Aufsicht (bei Marke 32,0 m in Bild 36 u. 37, und in Bild 42 im Schnitt (bei b in Bild 36 und 37) wiedergegeben. Die Eindringtiefe der Anfressungen ergibt sich zu 5 mm. Auffällig sind bei dieser Angriffsart Rillen, die

Bild 41. Anfressungen unter der Holzverkeilung (bei NP 32 in Bild 36 und 37).
* v = lin. Vergrößerung.

---

[6] Ob der verhältnismäßig beträchtliche Abstand (1,7 m) dieser Stelle von dem ursprünglichen Grundwasser-Spiegel den wahren Verhältnissen entspricht, oder ob Meß-Ungenauigkeiten vorliegen, kann nicht entschieden werden.

neben den muldenförmigen Anfressungen auftreten (vgl. Bild 41) und möglicherweise auf Beschädigungen der Walzhaut beim Eintreiben der Holzkeile zurückzuführen sind.

Bei NP 30 waren Anfressungen nur in geringem Maße eingetreten. Der stärkste gefundene Angriff an diesem Träger war nur etwa 1 mm tief.

F. Zusammenfassung

Eisenteile, die bis zu 75 Jahre alt und im Berliner Wasser- und Tiefbau verwandt waren, wurden auf Verrostung untersucht. An den meisten Stellen war der Angriff unmeßbar gering. Stärker war er in rasch fließendem Spreewasser (bis zu etwa 0,1 mm/Jahr. Noch stärker (bis zu 0,3 mm/Jahr) war er an einigen Stellen, die sich im Erdboden in Höhe des Grundwasser-Spiegels befunden hatten. Hierbei handelte es sich jedoch z. T. um besonders ungünstige Verhältnisse (Umkleidung mit Holz, das rostbeschleunigend wirkt) oder um nicht näher erkennbare Zufälligkeiten, da dieser hohe Angriff an anderen Stellen, die scheinbar genau die gleiche Beanspruchung erlitten hatten, nicht aufgetreten war.

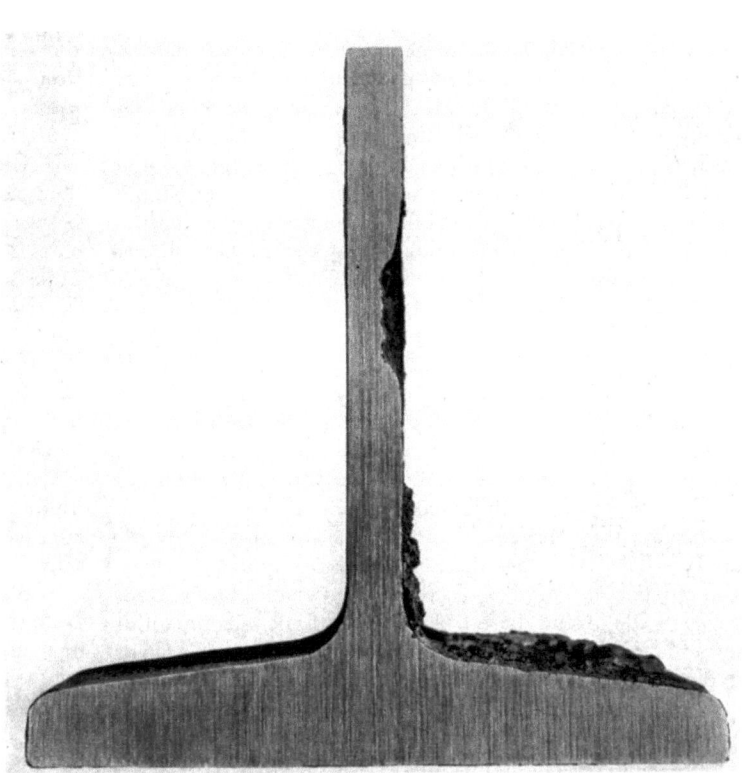

Bild 42. Schnitt durch Anfressung in Bild 41 bei b in Bild 36 und 37.
* v = lin. Vergrößerung.

$v^* = 1$

DAS VERHALTEN DES ZINKS AN BAUWERKEN GEGENÜBER ATMOSPHÄRISCHEN EINFLÜSSEN

Von Eugen Deiß

A. Einleitung

Zink widersteht bekanntlich den atmosphärischen Einflüssen besser als Eisen, obwohl es, nach seinem Platz in der Spannungsreihe zu urteilen, unter den Bedingungen normaler Außentemperatur unedler ist als Eisen. Dieses verschiedene Verhalten beider Metalle hängt mit den Eigenschaften der auf den Metalloberflächen unter der Einwirkung von atmosphärischer Luft und Feuchtigkeit sich ausbildenden Haut von Oxydationsprodukten zusammen. Der beim Eisen entstehende Eisenrost ist wasserhaltiges Eisenoxyd, das das Weiterfortschreiten des einmal begonnenen Rostvorganges nur mäßig zu hemmen vermag, während auf Zinkoberflächen wasserhaltige Gemische von Zinkoxyd und Zinkverbindungen (Zinkhydroxyd, Zinkkarbonat u. a.) entstehen, die unter gewöhnlichen Verhältnissen der Temperatur und Luftfeuchtigkeit einen gewissen wirksamen Schutz gegen das rasche Weiterfortschreiten des Angriffs bilden können. Die bekannte matte, bläulichgraue Färbung auf Zinkblechteilen, die lange Zeit der Witterung ausgesetzt gewesen sind, rührt von solchen Überzügen her.

Die schützende Wirkung dieser Überzüge auf Zink ist eine so günstige, daß man bei im Freien angebrachten Zinkblechteilen (Dachbelägen, Rinnen, Regenabflußrohren u. a. m.) im allgemeinen mit einer Lebensdauer von 12 bis 15 Jahren rechnet, die tatsächlich erreicht und häufig überschritten wird. Auch die Haltbarkeit verzinkter Stahlwaren, wie Rohre, Bleche, Drähte u. a., die im Freien Verwendung finden, ist eine wesentlich günstigere als die unverzinkter Waren, sofern die Zinkhaut genügend dicht bleibt. Die meisten der in der Literatur enthaltenen Angaben über die chemische Zusammensetzung der schützend wirkenden Überzüge besagen nur, daß sie aus Gemischen wechselnder Zusammensetzung aus Zinkoxyd, basischem Zinkkarbonat und Zinkhydroxyd oder aus Zinkoxyd allein bestehen.

In einigen Arbeiten sind Analysenangaben enthalten. Nach H. E. Davies (Journ. soc. chem. ind. [1899] 102) soll die Schicht die Zusammensetzung $ZnCO_3 \cdot 2\,ZnO$, $3\,H_2O$ haben. G. T. Moody (Proc. chem. soc. London 19 [1903] 273) gibt an, daß der nach 5 Monaten an der freien Luft entstandene Überzug der Verbindung $ZnCO_3$, $3\,Zn(OH)_2$ entspreche. Demgegenüber gibt in seiner Arbeit „Zur Autoxydation des Zinks" A. St. Cocosinsch an, daß keine dieser Formeln zutreffe, da die Analysen für jeden Fall wechselnde Zusammensetzung ergeben. Indessen geht aus der Beschreibung und der Gewinnung des benutzten Probematerials für diese Arbeiten nicht mit Sicherheit hervor, daß wirklich Material von Schutzschichten untersucht worden ist, wie überhaupt in der Mehrzahl der Arbeiten kein Unterschied gemacht wird zwischen Produkten, die durch rasch verlaufenden Angriff (Korrosion) des Zinks entstanden sind und solchen, die einer den Angriff des Zinks hemmenden Schutzhaut entsprechen.

Die meisten der bis dahin untersuchten Proben dürften ihrer Entstehung nach als „weißer Zinkrost", wie E. H.

Schulz (Stahl u. Eisen 50 [1930] 360) das Korrosionsprodukt des Zinks benennt, zu bezeichnen sein; es handelt sich dabei keinesfalls um ausgesprochene Schutzschichten, sondern um in kurzer Zeit entstandene Überzüge von Korrosionsprodukten. E. H. Schulz fand, daß die Zusammensetzung des weißen Zinkrostes einem Gemisch aus basischem Zinkkarbonat und Zinkoxyd entspreche, ohne jedoch Analysenwerte dafür anzugeben. Das Entstehen des weißen Zinkrostes ist auf die Einwirkung von Wasser, Luftsauerstoff und Kohlendioxyd auf die Zinkoberfläche zurückzuführen.

Weißer Zinkrost bildet in der Regel ziemlich lose sitzende Krusten, die das Fortschreiten des Angriffs nicht hindern, so daß in kurzer Zeit die gefürchteten Durchfressungen an Zinkblechteilen auftreten können.

Im Gegensatz hierzu bilden sich an der freien Atmosphäre unter der Einwirkung von Feuchtigkeit und Luft sehr dünne, festhaftende Überzüge auf Zink, die ebenfalls aus wasserhaltigem Zinkoxyd und Zinkkarbonat aufgebaut sind; ihre Menge ist äußerst gering, so daß für die Analyse des Überzuges die Schichten von größeren Oberflächenstücken verwendet werden müssen. Trotz ihrer geringen Dicke sind diese Überzüge imstande, das darunter befindliche Metall so wirksam gegen den weiteren Angriff an der Atmosphäre zu schützen, daß nach einem Jahrzehnt oder länger der Angriff kaum merklich fortgeschritten und der Überzug dementsprechend nur wenig gewachsen ist.

Geringere Widerstandsfähigkeit ist von den Überzügen aus basischem Karbonat in der SO_2-haltigen Luft von Industriegegenden zu erwarten; die Karbonate werden in Sulfate umgewandelt, ohne daß zunächst der Angriff des Metalls eine Beschleunigung erfährt. Erst wenn alles Karbonat aufgebraucht ist, muß mit einem stärkeren Angriff des Metalls gerechnet werden.

Findet dieser Vorgang in einer verhältnismäßig reinen, d. h. schwefeldioxydarmen Atmosphäre statt, so nimmt die Umwandlung von Karbonat in Sulfat so lange Zeit in Anspruch, daß man auch jetzt noch von einer Schutzwirkung des karbonat- und sulfathaltigen Überzugs sprechen kann. Diese Periode der Schutzwirkung soll hier als erster Zeitabschnitt der Überzug-Bildung bezeichnet werden.

In schwefelreicher Atmosphäre, wie in der Großstadt, oder in Gebieten mit viel Industrie wird sie entsprechend dem höheren SO_2-Gehalt der Luft in kürzerer Zeit ablaufen; die Schutzwirkung wird von kürzerer Dauer sein, eben so lange als noch im Überzug schützendes Karbonat vorhanden ist, das zu basischem Sulfat umgesetzt werden kann.

Ist der Karbonatgehalt aufgezehrt, so beginnt ein neuer Zeitabschnitt, die zweite Periode, die im Gegensatz zur ersten den Abbau der bis dahin wirksam gewesenen Schutzschicht und ein Fortschreiten des Zinkangriffs erkennen läßt.

Die in sehr reiner Luft entstehende Schicht des Korrosionsproduktes (basisches Karbonat, Hydroxyd und Oxyd des Zinks) erreicht selbst nach jahrelanger Aussetzung des Zinks nicht eine solche Dicke, um genügend Probematerial für die Analyse zu liefern.

Will man daher zu einem zuverlässigen Bild von der Zusammensetzung der Oberflächenschichten gelangen, so bleibt nichts anderes übrig, als die Untersuchung an Material durchzuführen, das nachweislich sehr lange Zeit der Einwirkung der Atmosphärilien ausgesetzt war. Daher wurde für die vorliegende Arbeit das Hauptbestreben darauf gerichtet, geeignetes Material von alten Zinkdächern, Rinnen usw. zu erlangen. Da möglicherweise die örtlichen Verhältnisse von Einfluß für die Ausbildung einer Schutzhaut auf dem Zink sein können, so sollte dabei, soweit dies überhaupt durchzuführen war, auf die Beschaffung von Zinkproben aus verschiedenen Gegenden Deutschlands (ländlicher Bezirk, Industriegegend, Großstadt, Küstengegend) Wert gelegt werden.

Die Beschaffung des Materials war keineswegs leicht, denn alte Zinkbedachungen, alte und einigermaßen unbeschädigt gebliebene Zinkrinnen usw. sind an sich schon eine ziemlich seltene Angelegenheit. Sodann konnten nur Teile in Frage kommen, die an Gebäuden von Behörden oder von Firmen vorhanden waren, von denen über Alter der Zinkteile, deren Lebensgeschichte und Behandlung zuverlässige Angaben zu erhalten waren und wenigstens die Gewähr bestand, daß die Zinkteile keinerlei Sonderbehandlung durch zeitweiliges Überstreichen, Abscheuern, Abbeizen u. dgl. erfahren hatten.

Um eine Klärung der Frage über die in jedem einzelnen Fall entstandenen Endprodukte herbeizuführen, sind Überzüge von den zur Verfügung stehenden Proben auf chemische Zusammensetzung untersucht worden.

Wenn die vorliegende Arbeit zu einem Einblick in den Aufbau der Oberflächenschichten auf Zinkteilen geführt hat, so ist dieser Erfolg vor allem der tatkräftigen und verständnisvollen Mithilfe des Zinkwalzwerksverbands Berlin, ferner der Akt. Ges. für die Zinkindustrie vorm. Wilhelm Grillo, Duisburg-Hamborn und des Preußischen Staats-Hochbauamts Norden zu danken, die durch Beschaffung und Überlassung geeigneten Probematerials die Ausführung der Arbeit ermöglichten.

Den Genannten sei auch von dieser Stelle für die geleistete Mithilfe verbindlichst gedankt.

B. Probematerial

Für die Untersuchung standen Zinkteile verschiedenen Alters aus folgenden Gegenden zur Verfügung:

Gebiet I Zinkrinne und Vorstoßblech aus dem Großstadt-Randgebiet (Berlin-Dahlem).

„ II Dachbedeckung aus ländlicher Gegend mit vorwiegend landwirtschaftlichen Betrieben (Ohlau, Schlesien).

„ III Dachbedeckung aus der Großstadt (Berlin) Dach der Petrikirche.

„ IV 2 Rinnen und Regenabfallrohr aus dem Großindustriegebiet (Hamborn).

„ V Zinkrinne von der deutschen Nordseeküste (Norden).

C. Prüfungsergebnisse

Gebiet I: Großstadtrand

Zinkrinne und Vorstoßblech von Gebäuden des Staatlichen Materialprüfungsamtes Berlin-Dahlem.

Alter der Zinkteile: Über 29 Jahre.

Kennzeichnung der Umgebung: Wohnsiedlung am Rande der Großstadt; offene Bauweise.

Gelegentlich der Frühjahrsausbesserungsarbeiten im Jahre 1933 wurden von Gebäuden des Staatlichen Materialprüfungsamtes Berlin-Dahlem Abschnitte der Zinkrinnen und der Vorstoßbleche eines mit Holzzementbedachung versehenen Werkstattgebäudes entnommen. Einzelne der seit Bestehen des Amtes, also rund 29 Jahre, dem Einfluß der Atmosphärilien ausgesetzten Zinkteile hatten brüchige Stellen gezeigt, die sich bei näherer Untersuchung als durch mechanische Inanspruchnahme hervorgerufen erwiesen; der größte Teil der Zinkblechteile war indessen unversehrt und gebrauchsfähig geblieben. Das Zinkblech dieser

Teile war auf der der freien Atmosphäre zugewandten Seite mit einer weißlich bis hellbläulichgrau gefärbten, festhaftenden Schicht bedeckt, die offenbar eine schützende Wirkung auf das darunter liegende Metall ausgeübt hat. In Bild 1 ist die Oberfläche des 29 Jahre als Dachrinne benutzten Zinkblechs in 15facher Vergrößerung wiedergegeben; Bild 2 zeigt in gleicher Vergrößerung einen Schnitt durch die Dicke des Bleches mit der Schutzschichtseite nach oben. Ein Teil der festhaftenden spröden Schutzschicht ist beim Schneiden abgefallen. Für die Analyse der Schutzschicht wurde die Oberflächenschicht abgenommen und untersucht.

Das Probematerial wurde ebenso wie in den später zu beschreibenden Fällen durch Abschaben der obersten fest am Metall haftenden Schicht eines größeren Blech-Abschnittes mit Hilfe eines Dreikantstahles entnommen; das Material wurde fein gepulvert und bei 150° getrocknet.

Zahlentafel 1

	Ia „Zinkrinne" (29 Jahre) %	Ib „Vorstoßblech" (29 Jahre) %
Gesamtzink, berechnet als ZnO	86,7	71,7
Bleioxyd (PbO)	3,4	3,3
Kieselsäure (Sand, SiO_2)	2,3	4,4
Eisenoxyd (Fe_2O_3)	1,3	1,2
Kalk (CaO)	0,3	0,2
Magnesia (MgO)	0,1	0,1
Natriumoxyd (Na_2O)	0,4	0,6
Kohlensäure (CO_2)	3,5	3,0
Schwefelsäure (SO_3)	3,1	4,9
Chlor (Cl)	0,1	Spuren

Der Gehalt an metallischem Zink betrug bei Probe Zinkrinne 48,6%, bei Probe Vorstoßblech 19,5%.

Beide Proben zeigten nach dem Anfeuchten mit Wasser gegen Lackmus neutrale Reaktion; sie enthalten außerdem wesentliche Mengen chemisch gebundenes Wasser und kleine Mengen Kohlenstoff (Ruß).

Umrechnung auf zinkmetallfreies Probematerial

Bringt man bei vorstehenden Analysen die ermittelten Mengen Zinkmetall als ZnO von der Gesamtmenge des ZnO in Abzug und rechnet die einzelnen Zahlenwerte auf 100% des zinkmetallfreien Materials um, so erhält man die in Zahlentafel 2 enthaltenen Werte.

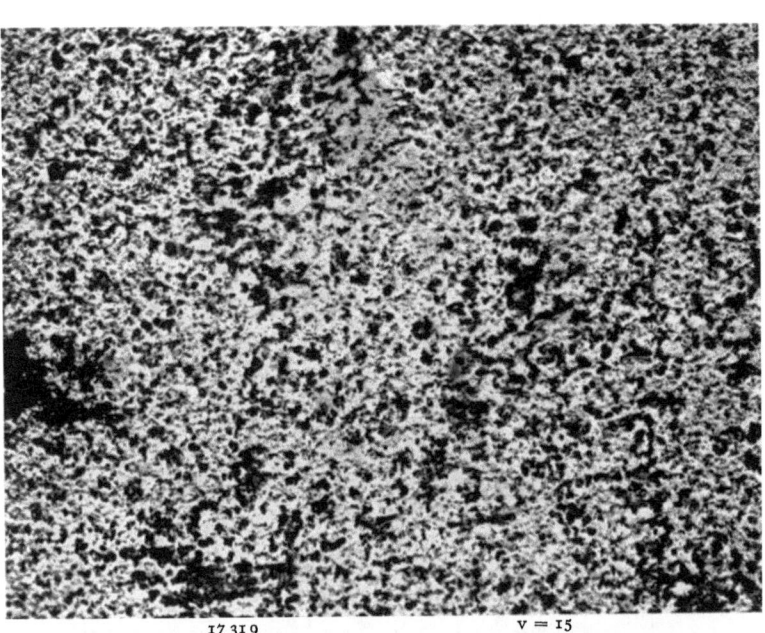

Bild 1. Zinkrinne, Oberfläche nach 29 Jahren, Berlin-Dahlem

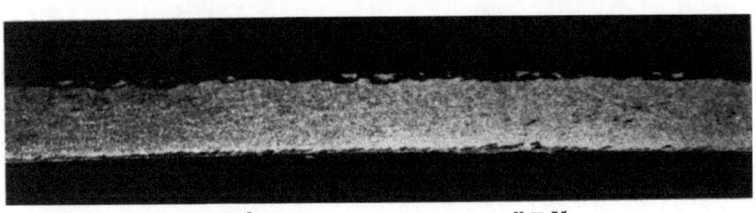

Bild 2. Zinkrinne wie Bild 1; Schnitt durch Blechdicke

Da bei dieser Art der Probenahme nicht zu vermeiden ist, daß zuweilen mehr oder weniger große Mengen metallischer Zinkteilchen in das Probematerial gelangen, war es notwendig, den Gehalt an metallischem Zink in dem Material gesondert zu bestimmen und für die Berechnung der Analysenwerte der reinen Schutzschicht entsprechend in Abzug zu bringen. Außer den aus der Luft stammenden Fremdgasen sind in dem Probematerial stets wechselnde Mengen der von der Luft mitgeführten Schwebestoffe und Staubteile wie Ruß, Kieselsäure, (Sand), Ton, Kalk, Eisenoxyd u. a. als Verunreinigungen zugegen, die für die Beurteilung der chemischen Zusammensetzung der Schutzschicht von untergeordneter Bedeutung sind.

Die Analyse der auf den etwa 29 Jahre alten Zinkteilen gebildeten Schichten hatte folgendes Ergebnis:

Zahlentafel 2

	Ia %	Ib %
Gesamt-Zinkoxyd (ZnO)	51,0	58,9
Bleioxyd (PbO)	6,6	4,1
Kieselsäure (Sand)	4,5	5,5
Eisenoxyd (Fe_2O_3)	2,5	1,5
Kalk (CaO)	0,6	0,2
Magnesia (MgO)	0,2	0,1
Natriumoxyd (Na_2O)	0,8	0,8
Kohlensäure (CO_2)	6,0	3,7
Schwefelsäure (SO_3)	6,0	6,1
Chlor (Cl)	0,2	Spuren

Art der in der Schutzschicht wahrscheinlich vorliegenden Verbindungen und Berechnung ihrer Anteile

Aus vorstehenden Zahlen lassen sich aus den Anteilen an Anionen und Kationen durch Bindung einander entsprechender Mengen die Anteile an gewissen neutralen Verbindungen errechnen.

Die Tatsache, daß manche neutrale Zinksalze wie das Chlorid und das Sulfat in Wasser leicht löslich sind, und deshalb nicht als Bestandteile der in freier Atmosphäre entstandenen Schutzschicht gelten können, weist darauf hin, daß nicht die neutralen, sondern die basischen Zinksalze, von denen verschiedene als schwerlösliche Verbindungen bekannt sind, an dem Aufbau der Schutzschicht beteiligt sind.

Es ist möglich, daß auch die Bleisalze, die aus dem Bleigehalt des verwendeten Zinks gebildet worden sind, in Form basischer Bleiverbindungen in der Schutzschicht vorliegen. Hier soll jedoch auf andere basische Verbindungen als die des Zinks keine Rücksicht genommen werden; das vorgefundene Bleioxyd wird als neutrales Sulfat in Rechnung gestellt. Die kleinen Mengen Kalk und Magnesia, die als Verunreinigung der Schutzschicht durch sich absetzenden Staub u. a. anzusehen sind, werden als Karbonate berechnet. Auch Kieselsäure und Eisenoxyd rühren von einer Verunreinigung der Oberflächenschichten durch Flugstaub (Sand, eisenhaltige Silikate u. a.) her.

Natriumoxyd wurde als Sulfat berechnet, weil der wäßrige Auszug aus dem Probematerial keine wesentliche alkalische Reaktion aufwies, was der Fall hätte sein müssen, wenn Natriumkarbonat in der Schutzschicht vorhanden wäre.

Der nach Bindung von Kalk und Magnesia an Kohlensäure verbleibende Kohlensäurerest wurde an die äquivalente Menge Zinkoxyd gebunden; wahrscheinlich liegt das Zinkkarbonat jedoch nicht als solches, sondern zusammen mit Zinkoxyd oder Zinkhydroxyd als basisches Zinkkarbonat vor, für dessen nähere Zusammensetzung keine Anhaltspunkte gegeben sind.

Die geringen Mengen Chlor wurden als Zinkchlorid berechnet; dieser Bestandteil findet sich nicht in der Form von wasserlöslichem $ZnCl_2$ in der Schutzschicht, sondern muß gleichfalls als schwerlösliche basische Verbindung darin vorhanden sein. Ähnliche Verhältnisse sind für Zinksulfat anzunehmen, das nicht als wasserlösliches Salz in der Schutzschicht enthalten ist, sondern wahrscheinlich wie das Karbonat und das Chlorid als schwerlösliche basische Verbindung vorliegen muß, für die keine bestimmte Zusammensetzung angegeben werden kann.

Bei der Angabe der einzelnen Bestandteile der Schutzschicht genügt es, die verschiedenen basischen Verbindungen des Zinks als neutrale Anteile (z. B. Zinkkarbonat, Zinksulfat usw.) zu berechnen, während die restliche Menge Zinkoxyd oder Hydroxyd sich nur als Gesamtbetrag an Zinkoxyd angeben läßt.

Die Berechnung der Bestandteile nach diesen Gesichtspunkten führte zu folgenden Ergebnissen:

Zahlentafel 3

	Ia %	Ib %
Kieselsäure (Sand, SiO_2)	4,5	5,5
Eisenoxyd (Fe_2O_3)	2,5	1,5
Karbonate: Calciumkarbonat ($CaCO_3$)	1,1	0,4
Magnesiumkarbonat ($MgCO_3$)	0,4	0,2
Zinkkarbonat ($ZnCO_3$)	17,4	9,7
Zinkchlorid ($ZnCl_2$)	0,2	Spuren
Sulfate: Zinksulfat ($ZnSO_4$)	5,2	7,3
Bleisulfat ($PbSO_4$)	9,0	5,6
Natriumsulfat (Na_2SO_4)	1,8	1,8
Zinkoxyd (ZnO)	37,0	48,9
Gebundenes Wasser und etwas Kohlenstoff (Ruß) als Rest berechnet	20,9	19,1

Auffällig an diesen Ergebnissen ist der Gehalt an Sulfaten; während die Mengen basischen Karbonats, die von der Einwirkung der atmosphärischen Luft und Feuchtigkeit auf das Zink herrühren, der bekannten Bildung

Bild 3. Zinkblech, Ohlauer Rathausturm. Alter etwa 50 Jahre

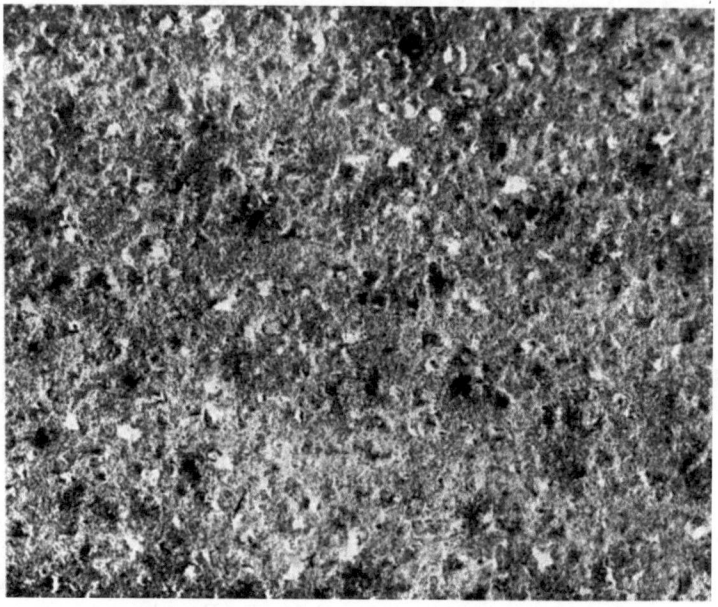

Bild. 4. Zinkblech wie Bild 3   17 431   v = 10

des Zinkrostes (vgl. E. H. Schulz, Stahl u. Eisen 50 [1932] 360) entsprechen, stammen die Sulfate aus den in der Luft als Verunreinigung enthaltenen Schwefelverbindungen, die sich im Laufe der Jahre in der Oberflächenschicht anreichern.

Gebiet II: Landgegend

Zinkbedachung vom Turm des Rathauses in Ohlau, Schlesien; abgenommen im Juni 1934. Nach Mitteilung des dortigen Stadtbaumeisters aus den Jahren 1882 bis 1884 stammend, somit etwa 50 Jahre alt

Umgebung: Vorwiegend landwirtschaftliche Gegend.

Über das Aussehen des Ohlauer Zinkbleches gibt Bild 3 Auskunft, das eine Aufnahme der Oberfläche in etwa natürlicher Größe wiedergibt. Bild 4 zeigt die Oberfläche in etwa 10facher Vergrößerung und Bild 5 die mit sehr verdünnter Salzsäure abgebeizte Oberfläche, ebenfalls 10fach vergrößert. Das letzte Bild läßt zahlreiche rundliche Vertiefungen erkennen, die in die Oberfläche eingefressen sind, während sie in Bild 4 noch mit Korrosionsprodukt bedeckt bzw. angefüllt und deshalb als Einfressungen nicht deutlich zu erkennen sind.

Die Tiefe der Einfressungen ist in Bild 6 sichtbar, das die Schnittflächen von 2 Blechabschnitten des Ohlauer Zinkblechs in 10facher Vergrößerung wiedergibt.

Die Untersuchung der auf der Oberfläche festsitzenden Schutzschicht auf chemische Zusammensetzung wurde sowohl was die Art der Probenahme als auch die Analyse und Wiedergabe der Analysendaten betrifft, in entsprechender Weise wie beim vorher beschriebenen Dahlemer Material durchgeführt.

Bei der Entnahme der Schutzschicht zeigten sich indessen charakteristische Unterschiede gegenüber der Dahlemer Probe. Die Schutzschicht auf dem Ohlauer Blech haftete viel fester am Zinkblech als beim Dahlemer Blech. Durch leichtes Abschaben eines größeren Oberflächenstücks wurden 1,4 g eines grauen Pulvers erhalten (Probe IIa), die beim zweiten Abschaben der gleichen Oberfläche erhaltene Probenmenge betrug noch 1,7 g eines hellgrauen Pulvers (Probe IIb). Beide Proben Ia und Ib wurden jede für sich untersucht.

Auf der ganzen Oberfläche war noch immer eine festhaftende Schicht von Korrosionsprodukt vorhanden, die erst beim Abschaben unter verstärktem Druck erfaßt werden konnte.

Die Proben wurden bei 105° bis zum gleichbleibenden Gewicht getrocknet.

Die Ermittlung des Gehaltes an metallischem Zink ergab

Die Analysen der beiden Proben lassen zunächst erkennen, daß die Sulfate in der während 50 Jahren entstandenen Deckschicht noch in erheblich höherem Maße angereichert sind als dies bei den nicht so lange der Atmosphäre ausgesetzt gewesenen Dahlemer Proben der Fall ist.

Innerhalb der gesamten Deckschicht war die Sulfat-

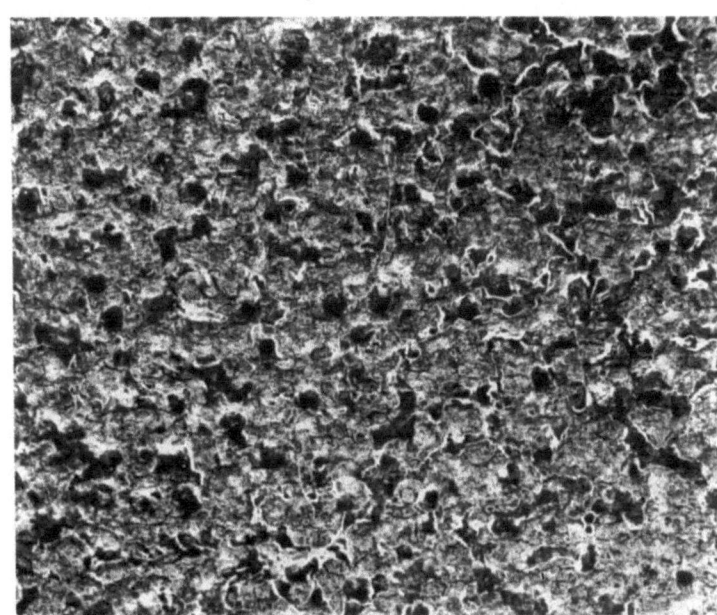

Bild 5. Zinkblech wie Bild 3, nach Abbeizen mit verd. HCl

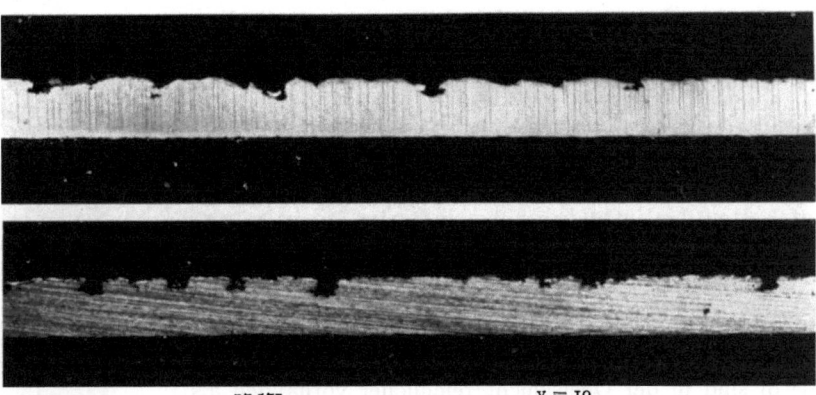

Bild 6. Zinkblech wie Bild 3. Vor und nach der HCl-Behandlung

Zahlentafel 4

in Probe:	IIa %	IIb %
Zink als Metall zugegen	2,8	9,2

Der Unterschied im Zinkmetallgehalt wird verständlich, wenn man berücksichtigt, daß Probe a bei leichtem Abschaben, Probe b durch kräftigeres Abschaben der unter a befindlichen Schicht vom gleichen Oberflächenabschnitt entnommen worden ist.

Die Analyse beider Proben umgerechnet auf das von metallischem Zink freie Material führte zu folgenden Werten (s. Zahlentafel 4).

Beide Proben reagierten nach dem Anfeuchten mit Wasser neutral. Die in beiden Schichten als wahrscheinlich vorhanden anzunehmenden Bestandteile (vergleiche hierzu das bei den Dahlemer Proben Gesagte) berechnen sich hieraus wie folgt (s. Zahlentafel 5).

Probe:	IIa %	IIb %
Zinkoxyd (ZnO)	65,6	68,0
Bleioxyd (PbO)	0,6	0,5
Kupferoxyd (CuO)	3,4	1,0
Kieselsäure (SiO_2)	2,0	0,9
Eisenoxyd und Tonerde ($Fe_2O_3Al_2O_3$)	2,8	1,7
Kalk (CaO)	2,1	1,5
Magnesia (MgO)	Spuren	Spuren
Natriumoxyd (Na_2O)	0,7	0,7
Kohlensäure (CO_2)	2,3	1,8
Schwefelsäure (SO_3)	10,3	12,1
Sulfidschwefel (S)	Spuren	Spuren
Chlor (Cl)	2,8	2,5
Kohlenstoff (Ruß)	0,6	0,3
Chemisch gebundenes Wasser . .	(Rest)	(Rest)

Zahlentafel 5

Probe:	IIa %	IIb %
Kieselsäure (SiO)$_2$	2,0	0,9
Eisenoxyd und Tonerde (Fe$_2$O$_3$ + Al$_2$O$_3$)	2,8	1,7
Karbonate { Kalziumkarbonat (CaCO$_3$)	3,8	2,8
Magnesiumkarbonat (MgCO$_3$)	0,1	0,1
Zinkkarbonat (ZnCO$_3$)	1,7	1,6
Zinkchlorid (ZnCl$_2$)	5,3	4,8
Sulfate { Zinksulfat (ZnSO$_4$)	18,6	22,2
Bleisulfat (PbSO$_4$)	0,8	0,6
Natriumsulfat (Na$_2$SO$_4$)	1,5	1,7
Zinkoxyd (ZnO)	52,0	52,9
Zinksulfid (ZnS)	Spuren	Spuren
Kupferoxyd (CuO)	3,4	1,0
Kohlenstoff (C) (Ruß)	0,6	0,3
Chemisch gebundenes Wasser als Rest berechnet	7,4	9,4

anreicherung in der dem Metall anliegenden Zone deutlich stärker als in der Oberflächenzone. Da die Sulfate hauptsächlich in Form von basischem Salz, das durch Regenwasser nicht auslaugbar ist, in dem Überzug enthalten sind, haben sie eine porenverstopfende und daher schützende Wirkung auf das darunter befindliche Metall; vornehmlich auf dieses günstige Verhalten der Sulfate ist die große Lebensdauer des Ohlauer Zinkblechs vom Rathausturm zurückzuführen.

Über den verhältnismäßig niedrigen Karbonatgehalt des Überzuges ist folgendes zu bemerken: Vermutlich war der Karbonatgehalt der Oberflächenschicht in der ersten Hälfte der Benutzungszeit höher, der Sulfatgehalt niedriger als am Ende der 50 Jahre Liegezeit, was beispielsweise auch für die 2 Dahlemer Proben (Zahlentafel 2) zuzutreffen scheint. Dies würde darauf hindeuten, daß die Sulfatzunahme der Überzüge im Laufe der Zeit auf Kosten des anfänglich höheren Karbonatgehaltes vor sich geht, der durch die SO$_2$ der Luft unter Mitwirkung des Luftsauerstoffs in Sulfat umgewandelt wird. Die aus der atmosphärischen Luft stammenden anorganischen Staubteilchen (Kieselsäure, Eisenoxyd und Tonerde, Calziumkarbonat), sowie die Kohlenstoffteilchen (Ruß) sind in der Oberschicht reichlicher vorhanden als in der Unterschicht, was erklärlich ist, da das Wachsen der Schutzschichten im Laufe langer Zeiträume von der Metallseite her erfolgt, die unlöslichen Staubteilchen im wesentlichen an der Oberfläche bleiben und höchstens an zerklüfteten Stellen in die Oberflächenschicht eindringen können.

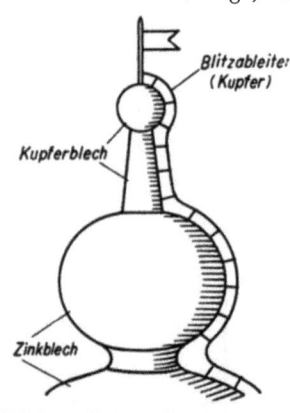

Bild 7. Baustoff-Skizze des Turmaufbaues auf dem Rathaus Ohlau) übermittelt vom Zinkwalzwerk Ohlau)

Auffällig ist auch der hohe Kupfergehalt, vor allem in der zuerst abgenommenen Schicht IIa; der Kupfergehalt des Überzuges erklärt sich daraus, daß auf der Spitze des mit Zinkblech abgedeckten Daches eine kupferne Wetterfahne und ein kupferner Blitzableiter angebracht war, wie in der Skizze Bild 7 angedeutet. Die durch Regen, Tau usw. von den Kupferteilen abgelösten Kupferverbindungen haben sich mit der Oberflächenschicht unter Dunkelfärbung umgesetzt. Die kupferhaltigen Umsetzungsprodukte sind in der Oberflächenschicht IIa stärker angereichert als in der tieferliegenden Schicht IIb.

Durch eine Veröffentlichung von M. Müller (Z. angew. Chem. [1899] 240) ist bekannt, daß Zinkfallrohre, über die längere Zeit das von einem Kupferblechdach abfließende Regenwasser hinweggegangen ist, erheblichen Zerstörungen ausgesetzt sind. Diese Angaben treffen jedoch nicht in jedem Falle zu.

Von einer zerstörenden Wirkung des von der kupfernen Wetterfahne oder dem Blitzableiter abfließenden Wassers auf das Zink der Turmabdeckung ist im vorliegenden Falle trotz der stark dunkelgefärbten Oberfläche nichts zu entdecken; die vom Regenwasser fortgeführten Kupferverbindungen sind in oxydischer Form auf der Oberfläche des Überzuges niedergeschlagen und festgehalten worden, ohne eine weitergehende Wirkung auf das darunter befindliche Zink auszuüben.

Gebiet III: Großstadt

Zinkblech vom Dach der Petrikirche in Berlin (entnommen im Juni 1937 und vom Zinkwalzwerksverband übermittelt).

Die Abschnitte sind von der Bedachung des nördlichen kleinen Eckturms und zwar von einem Grat unterhalb der Kreuzblume an der Turmspitze entnommen.

Nach Angaben der Küsterei der Petrikirche stammen die Stücke aus dem Jahre 1853, in dem die Kirche erbaut wurde. Alter der Abschnitte demnach etwa 84 Jahre.

Umgebung: Großstadt, geschlossene Bauweise.

Beschreibung der Blechabschnitte. Die zur Verfügung stehenden Zinkblechstücke waren Ausschnitte von der Unterkante der Zinkbedachung, an der unten ein Winkel aus Zinkblech als Abtropfkante angelötet war.

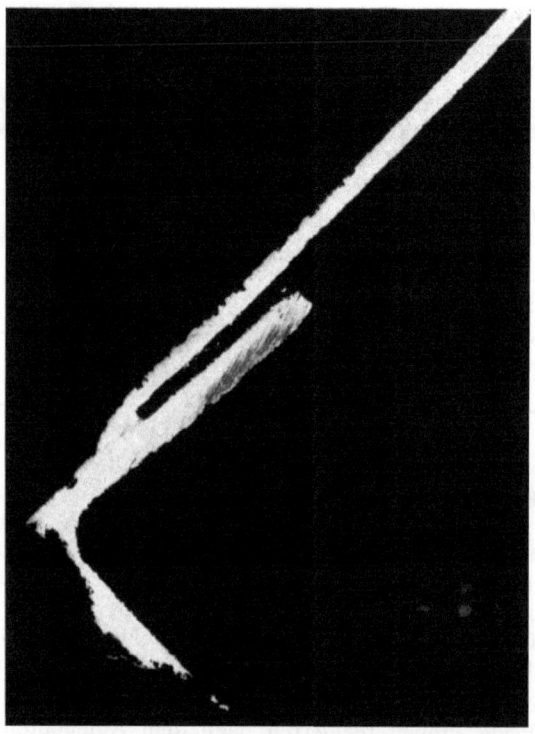

19 928   v = 6

Bild 8. Zinkblechabdeckung von der Berliner Petrikirche. Alter wahrscheinlich 84 Jahre. Schnitt durch Blech und angelötetes Winkelstück

Bild 8 gibt einen Schnitt durch Blech und angelötetes Winkelstück in etwa 6facher Vergrößerung wieder.

Die Abschnitte waren etwa 12 × 22 cm groß; die der freien Atmosphäre ausgesetzt gewesene Seite war mit einem dünnen, hellbläulichgrauen Überzug bedeckt, der in horizontal verlaufenden Vertiefungen der schwach wellig gewordenen Abschnitte durch festgesetzten Staub dunkler grau gefärbt war.

Der Überzug lieferte beim Abschaben wesentlich weniger Probematerial als eine gleiche groß Fläche des Bleches vom Ohlauer Rathausturm; auch haftete der Überzug nicht so fest wie bei der Ohlauer Turmbedachung.

20 249   v = 6
Bild 9. Zinkblech wie bei Bild 8. Oberfläche

Bild 9 zeigt das Aussehen der Oberfläche eines der beiden Blechabschnitte an der Unterkante in etwa 6facher Vergrößerung. Beide Blechstücke zeigten keine Durchlöcherungen; dagegen war das als Abtropfkante angelötete Winkelstück stark zerfressen und die der äußeren Luft ausgesetzte Oberfläche durch Anätzung aufgerauht, wie Bild 8 erkennen läßt.

Die Blechstücke hatten wechselnde Dicke; beim Messen der Dicke an verschiedenen Stellen eines Blechabschnittes und des angelöteten Winkelstückes wurden die in Bild 10 zusammengestellten Werte gefunden.

Das zur Dachbedeckung benutzte Zinkblech zeigt hiernach stark wechselnde Dicke, und zwar ist die dünnste Stelle 0,24 mm, die dickste 0,58 mm.

Die örtliche Verschiedenheit der Blechdicke ist auf ungleichmäßigen Angriff im Laufe der Zeit zurückzuführen. Die ursprüngliche Dicke muß mindestens 0,60 mm gewesen sein; ob sie, wie von einem bei der Probenentnahme anwesenden Klempnermeister vermutet wird, einer Nenndicke des Zinkblechs Nr. 16, also 1,080 mm entsprochen hat, ist nicht wahrscheinlich. Nach dem sehr ungleichmäßigen Angriff des Bleches ist indessen anzunehmen, daß bei einem durch Abtragen entstandenen Rückgang der Dicke von ursprünglich 1,08 mm auf im Mittel 0,42 mm sicherlich örtliche Durchfressungen des Bedeckungsbleches entstanden wären. Da sie fehlen, besitzt die Annahme, daß ursprünglich Zinkblech Nr. 16 verwendet worden ist, nicht viel Wahrscheinlichkeit.

Das angelötete Winkelstück zeigt in dem der freien Atmosphäre nicht ausgesetzt gewesenen Teil (vgl. Bild 8) die ziemlich gleichmäßige Dicke von 0,73 mm; dieser Teil zeigt keinen Angriff und besitzt vermutlich noch die ursprüngliche Blechdicke.

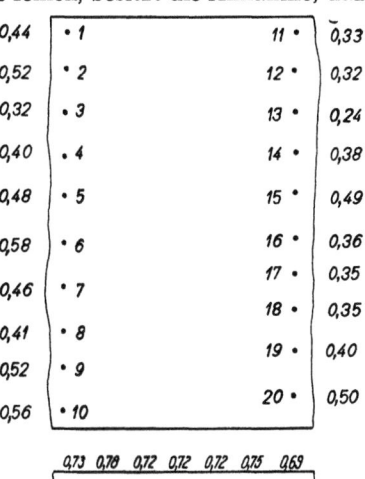

Bild 10. Blechdicken an 20 Meßstellen eines Blechabschnittes von der Bedachung der Petrikirche. Zahlenangaben in mm

Untersuchung des Überzuges

Die durch leichtes Abschaben beider Blechabschnitte gewonnenen geringen Mengen des Überzuges (etwa 0,5 g) wurden auf die hauptsächlichsten Stoffe untersucht, bzw. auf das Vorhandensein der sonst vorgefundenen geprüft. Die lufttrockene, grau gefärbte Probe, die beim Anfeuchten gegen Lackmus neutrale Reaktion zeigte, enthielt:

Zahlentafel 6

Zinkoxyd (ZnO)	58,6%
Bleioxyd (PbO)	Spuren
Kupferoxyd (CnO)	0,1%
Eisenoxyd (Fe_2O_3)	2,1 %
Kohlensäure (CO_2)	nicht nachweisbar
Schwefelsäure (SO_3)	11,7%
Sulfidschwefel (S)	0,3%
Chlor (Cl)	0,3%
Kohlenstoff (Ruß C)	0,5%

Hieraus berechnen sich als wesentliche Bestandteile:

Zahlentafel 7

Eisenoxyd (Fe_2O_3)	2,1%
Kupferoxyd (CuO)	0,1%
Bleioxyd (PbO)	Spuren
Zinkkarbonat ($ZnCO_3$)	nicht vorhanden
Zinksulfat ($ZnSO_4$)	23,7%
Zinksulfid (ZnS)	0,9%
Zinkchlorid ($ZnCl_2$)	0,5%
Zinkoxyd (ZnO)	45,5%
Kohlenstoff (C, Ruß)	0,5%
Chemisch gebundenes Wasser, Feuchtigkeit und nicht bestimmte Bestandteile als Rest	26,6%

Der Anteil an Zinksulfat ist in dieser Probe ein besonders hoher, während ein Gehalt an Zinkkarbonat, wie er sich in den bisher untersuchten Proben anderer Herkunft, wenn auch manchmal nur in geringer Menge gefunden hat, nicht nachweisbar war.

Auffällig ist ferner der Gehalt an sulfidischem Schwefel

(Zn S), der höher ist, als in den bisher untersuchten Überzügen, die nur Spuren davon enthalten.

Ein wesentlicher Unterschied gegenüber den vorher beschriebenen Proben liegt noch darin, daß die der Großstadtatmosphäre ausgesetzten Zinkbleche erheblichen Schwund an Metall zeigen, wie die wechselnde Dicke der Blechabschnitte erkennen läßt, wenn auch die Dickenabnahme der über 80 Jahre in Benutzung gewesenen Bleche nicht besonders auffallend ist. Im Zusammenhang mit dem Fehlen eines Karbonatgehaltes ist zu vermuten, daß die Abnahme nicht von Beginn an eingesetzt hat und gleichmäßig fortgeschritten ist, sondern erst nach Durchlaufen einer gewissen Zeit, während der ein Karbonat und Sulfat enthaltender Überzug entstanden war, ähnlich dem wie er auf den Proben von Berlin-Dahlem und von Ohlau noch vorliegt.

Möglicherweise ist das Entstehen des karbonatreichen Überzugs in der ersten Zeit nach Anbringen der Dachbedeckung dadurch begünstigt worden, daß die Luft damals weniger durch SO_2 verunreinigt war als in der späteren Zeit.

Der anfangs gebildete karbonatische Überzug wurde später durch allmähliche Umwandlung des Karbonats in Sulfat in seinen schützenden Eigenschaften wesentlich verändert und nach dem Verschwinden des Karbonats aus dem Überzug konnte auch der Angriff des Zinks durch die sauren Bestandteile der atmosphärischen Luft seinen Fortgang nehmen. Am stärksten äußert sich dieser Angriff an solchen Stellen der Zinkbedachung, an denen die abfließenden Niederschlagswässer am längsten verweilen müssen, wie z. B. an der Abtropfkante des angelöteten Winkelstücks, die erheblich zerfressen worden ist, während das abdeckende Zinkblech zwar in der Dicke eine Verminderung erfahren hat, ohne daß Durchlöcherungen aufgetreten sind.

Gebiet IV. Großindustrie.
Zinkrinnen und Regenabfallrohr

Wie aus den vorhergehenden Beispielen zu ersehen ist, führt der Angriff der Zinkabdeckung von Gebäudeteilen durch die in der atmosphärischen Luft enthaltenen Verunreinigungen in ländlichen Bezirken und in den Außenbezirken einer Großstadt kaum oder erst nach sehr langer Zeit zur Beschädigung des Metalls. Erst in der Großstadtluft geht der Angriff des Zinks allmählich weiter und ruft Zerstörungen am Metall hervor. Es steht zu erwarten, daß in Gegenden mit überwiegender Großindustrie (Metallhütten und chemische Industrie), in denen die Luft zeitweilig oder ständig in stärkerem Maße noch als es in Großstädten der Fall ist, mit angreifenden Stoffen (insbesondere SO_2) beladen ist, den Zinkteilen nur eine beschränkte Lebensdauer zukommt, im Vergleich zu Zinkteilen ähnlicher Art in ländlichen Bezirken oder Außenbezirken von Großstädten.

Für die Untersuchung der auf Zink sich bildenden Überzüge unter den Verhältnissen einer Gegend der Großindustrie standen 3 Teile und zwar 2 Dachrinnenabschnitte und 1 Regenabfallrohr aus Hamborn zur Verfügung. Die Zinkstücke waren während einer Reihe von Jahren dem Einfluß der in der Hamborner Gegend herrschenden Atmosphäre ausgesetzt, die durch Abgase und Flugstaub aus den dort vorhandenen großindustriellen Werken erheblich verunreinigt ist.

Saumrinne 1:

Das Rinnenstück befand sich seit etwa 25 Jahren in Hamborn an dem Hause Kampstraße 118, das von der Zinkhütte 1,5 km entfernt ist. Einen Abschnitt des Rinnenstücks zeigt Bild 11. Das zur Verfügung stehende Stück war 1 m lang. Nach dem Flachbiegen des Abschnittes ergab sich ein Blechstreifen von 40 cm Breite.

Die Oberseite des Rinnenstücks, also die vom abfließenden Dachwasser benetzte Seite der Rinne, war über die ganze Fläche dunkel gefärbt. Der auf dem Dach befestigte Teil der Rinne war mit einer lose aufliegenden, dunkelbraunen pulvrigen Masse bedeckt; nach Abbürsten der pulvrigen Masse konnte ein tiefschwarzer, dem Blech fest anhaftender Überzug freigelegt werden. Ob es sich bei dem schwarzen, festhaftenden Überzug auf der Oberseite der Rinne um einen stark verwitterten Bitumenanstrich oder lediglich um einen aus atmosphärischem Staub und Ruß entstandenen Überzug handelt, ließ sich nicht mit Sicherheit entscheiden.

Da die Unterseite der Rinne, insbesondere an dem ins Freie ragenden Teil, nur dicht unter der Umbörtelung des Randes einen schmalen Streifen eines schwarzen Überzugs aufwies, im übrigen aber frei von dunklem Überzug war (vgl. Bild 11), kann angenommen werden, daß der festhaftende schwarze Überzug seine Entstehung dem Zusammentreffen von kohlenstoffreichem Staub und dem primären Korrosionsprodukt des Zinks (Zinkhydroxyd bzw. Zinkoxyd) verdankt.

Die Unterseite des Rinnenabschnitts war an dem dem Dach anliegenden Teil durch wenig Schmutz und Staub grau gefärbt, im übrigen mit einem bläulichweißen Überzug bedeckt, wie er sich im Freien auf allen Zinkteilen im Laufe längerer Zeiträume unter dem Einfluß der Atmosphäre bildet.

Auf der Unterseite des dem Dach anliegenden Rinnenteils befanden sich mehrere Gruppen von weißen Punkten, die sich als Durchbruchstellen entsprechender An-

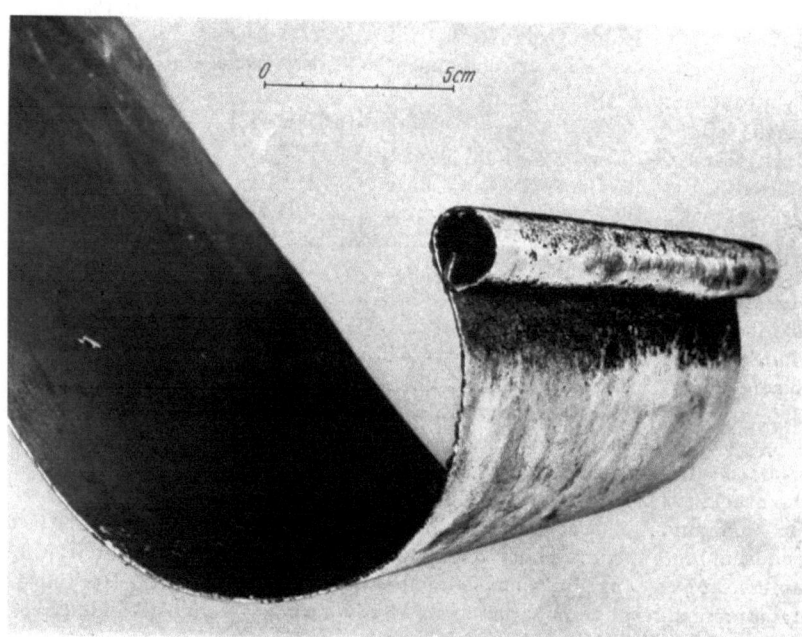

Bild 11. Saumrinne 1

griffe des Zinkblechs erwiesen und von der Oberseite der Rinne ausgingen. Die weißen Punkte waren mit weißem Angriffsprodukt ausgefüllte Stellen, die sich mit einem spitzen Gegenstand leicht durchstoßen ließen. Diese Durchbruchstellen lagen etwa in gleicher Höhe mit dem bei Regenfällen sich einstellenden oberen Wasserstand in der Rinne.

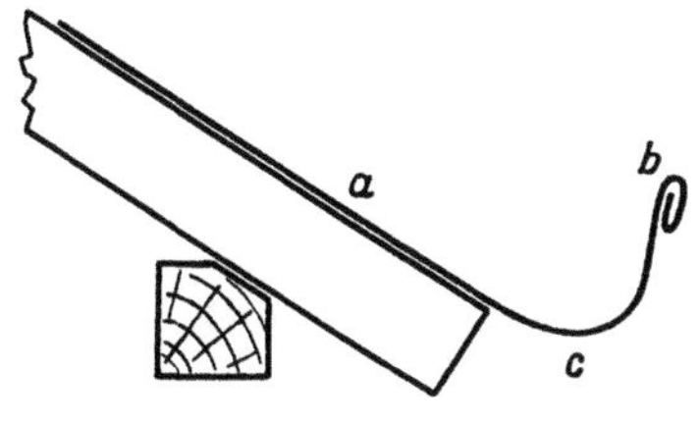

Die Bilder 13 und 14 zeigen eine Gruppe solcher Durchbruchstellen und zwar ist Bild 13 die

Bild 12. Saumrinne 1. Lageskizze

schwarze Krusten von der pockennarbigen Oberseite (Bild 15) des ins Freie ragenden Rinnenteils nächst dem umgebörtelten Rand. Die Abschabung lieferte ein schwarzes Pulver.

Probe IV, 1c. Weißlicher Überzug auf der Unterseite des freiliegenden Rinnenteils. Beim Abschaben der oberflächlich fest haftenden Schicht wurde die Probe als hellgraues Pulver gewonnen. Außerdem wurde noch

Probe IV, 1d in geringer Menge von den in Bild 14 erkennbaren, mit weißem Korrosionsprodukt durchsetzten Stellen für die qualitative Untersuchung entnommen.

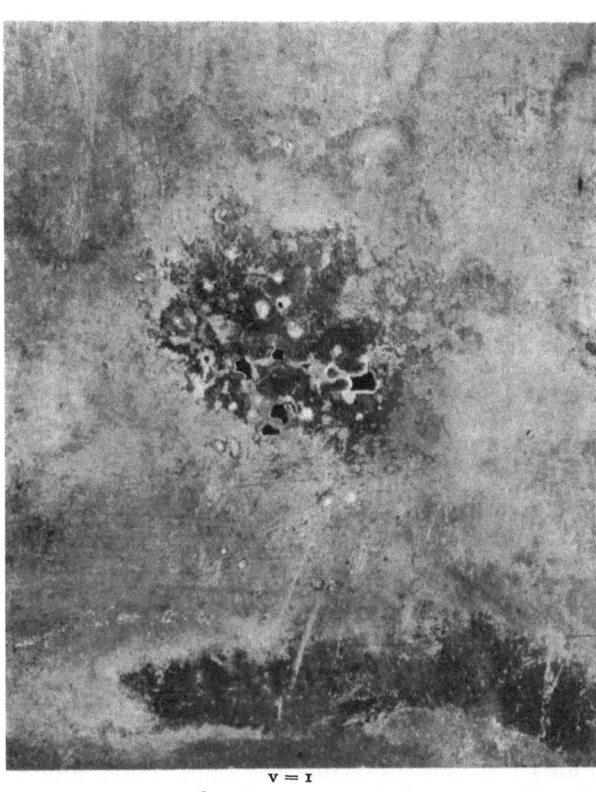

Bild 13. Unterseite bei a. Saumrinne 1. Gruppe von Durchfressungen

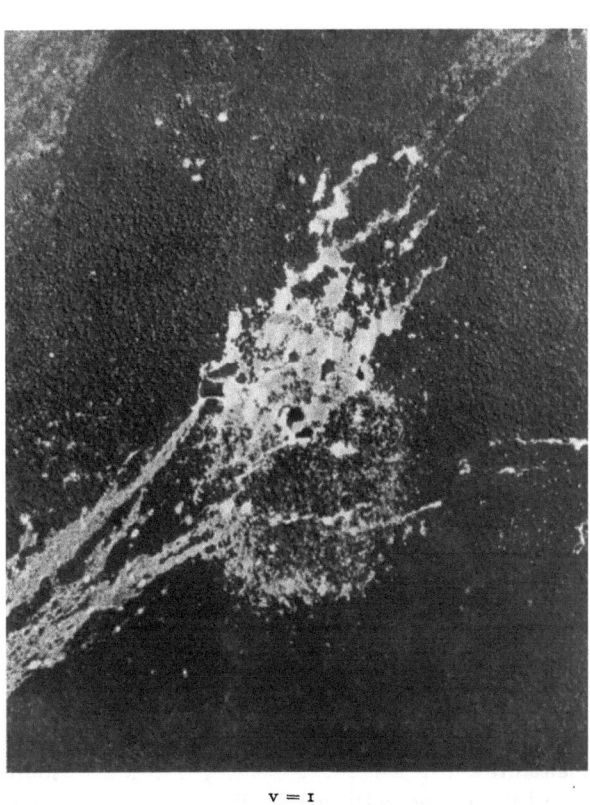

Bild 14. Oberseite (wie Bild 13) nach Entfernen der aufliegenden losen Staubschicht

Ansicht von der Unterseite im Zustand der Einlieferung; Bild 14 zeigt die gleiche Stelle auf der Oberseite nach Entfernen der ziemlich lose aufliegenden Staub- und Rußschicht. Die größere Ausdehnung der weißen Angriffsstellen auf der Oberseite im Vergleich zur Unterseite läßt erkennen, daß der Angriff von der Oberseite her unter der aufliegenden Staub- und Rußschicht vor sich gegangen sein muß. Für die chemische Untersuchung wurden an den auf Bild 12 bezeichneten Stellen folgende Proben der auf dem Rinnenstück entstandenen Ablagerungen bzw. Korrosionsprodukte entnommen und zwar

Probe IV, 1a. Lose, dunkelbraune Ablagerungen von der Oberseite des am Dach fest aufliegenden Rinnenteils. Beim Abschaben der losen Ablagerungen wurden mehrere weiße angegriffene Stellen bloßgelegt.

Probe IV, 1b. Fest anhaftende

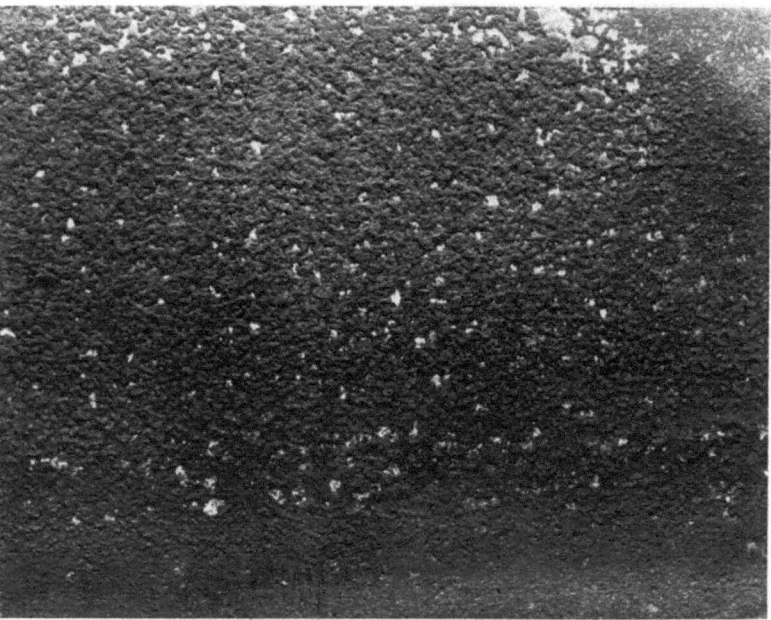

Bild 15. Narbige Oberfläche bei b (Bild 12). Saumrinne 1

Analysenergebnisse.

Probe IV, 1a dunkelbraune, ziemlich lose sitzende Ablagerungen. Die bei 105° getrocknete Masse enthielt:

Zahlentafel 8.

Eisenoxyd (Fe_2O_3)	61,7%
Tonerde (Al_2O_3)	10,4%
Kieselsäure (SiO_2)	15,4%
Kalk (CaO)	3,6%
Magnesia (MgO)	0,7%
Zinkoxyd (ZnO)	0,6%
Kohlenstoff (hauptsächlich Ruß)	3,4%
Wasser und sonstiges als Rest	4,2%
Kohlenstoff (hauptsächlich Ruß)	3,4%
Wasser und sonstiges als Rest	4,2%

Hiernach handelt es sich um ein Gemenge aus mineralischem Staub (Eisenoxyden, Ton, Sand) und Kohleteilchen bzw. Ruß von der Art und Zusammensetzung der Ablagerungen, die sich in der näheren Umgebung von Eisenwerken auf Dächern oder in Dachrinnen aus der Luft absetzen. Die Ablagerungen enthalten nur unwesentliche Mengen Zinkverbindungen, wie sie bei der Korrosion des Zinks gebildet werden; sie sind frei von Bestandteilen, die Zink angreifen. Wohl aber weisen sie Bestandteile auf, wie Ton und Ruß, die Feuchtigkeit längere Zeit festzuhalten vermögen und so örtliche Angriffe des Zinks durch Wasser hervorrufen können.

Probe IV, 1b. Schwarze, am Zinkblech sehr festhaftende Masse; die bei 105° getrocknete Masse enthielt:

Zahlentafel 9

Zinkoxyd (ZnO)	41,8%
Kieselsäure (SiO_2)	4,0%
Eisenoxyd (Fe_2O_3)	6,0%
Tonerde (Al_2O_3)	10,3%
Kalk (CaO)	1,0%
Magnesia (MgO)	0,2%
Schwefelsäure (SO_3)	14,4%
Kohlensäure	Spuren
Kohlenstoff (im wesentlichen Ruß)	9,6%
Chemisch gebundenes Wasser und sonstiges als Rest	12,7%

Bei Umrechnung des gesamten SO_3-Gehaltes auf $ZnSO_4$ ergibt sich

$ZnSO_4$	29,0%
ZnO	27,2%

Das Zinksulfat ist in der Ablagerung als in Wasser schwer lösliche, basische Verbindung anzunehmen.

Die Masse besteht hiernach aus einem Gemisch von Eisenoxyd, Tonerdesilikat, Kohlenstoff, Zinkoxyd und basischem Zinksulfat. Der hohe Gehalt an Zinksulfat ist durch Einwirkung der SO_2-haltigen Luft auf die Zinkoberfläche oder die primär gebildeten Korrosionsprodukte des Zinks (Zinkhydroxyd, Zinkoxyd, Zinkkarbonat) im Laufe längerer Zeit entstanden. Der Angriff des Zinks verläuft infolge der Entstehung schwerlöslicher Verbindungen und des Festbackens von kohligen Teilchen verhältnismäßig langsam; tiefgehende Anfressungen oder Durchlöcherungen waren an der Außenseite der Rinne bei b nicht aufgetreten.

Probe IV, 1c. Hellgrauer Überzug auf der Unterseite des in die freie Luft ragenden Teils der Rinne.

Das bei 105° getrocknete Pulver setzt sich wie folgt zusammen:

Zahlentafel 10.

Zinkoxyd (ZnO)	62,8%	Hieraus berechnen sich etwa die folgenden Verbindungen:	
Eisenoxyd (Fe_2O_3)	2,3%		
Kalk (CaO)	0,5%		
Magnesia (MgO)	0,1%	Zinkoxyd (ZnO)	49,8%
Natriumoxyd (Na_2O)	0,2%	Zinksulfat ($ZnSO_4$)	24,0%
Unlösliches	11,4%	Zinkkarbonat ($ZnCO_3$)	0,6%
davon SiO_2	1,0	Zinkchlorid ($ZnCl_2$)	0,8%
$PbSO_4$	4,4	Eisenoxyd (Fe_2O_3)	2,3%
$Fe_2O_3 + Al_2O_3$	2,9	Calciumsulfat ($CaSO_4$)	1,2%
H_2O	3,1	Magnesiumsulfat ($MgSO_4$)	0,3%
Schwefelsäure (SO_3)	13,1%	Natriumsulfat (Na_2SO_4)	0,5%
Kohlensäure (CO_2)	0,2%	Unlösliches (Bleisulfat, Ton und Sand)	11,4%
Chlor (Cl)	0,4%	davon Bleisulfat	4,4
Chemisch gebund. Wasser	Rest	Chemisch gebundenes Wasser und organische Stoffe als Rest	9,1%

Der Überzug besteht in der Hauptsache aus Zinkoxyd und Zinksulfat; daneben ist sehr wenig Zinkkarbonat vorhanden. Eine Beschädigung oder Durchlöcherung des Metalls von der ungeschützten Unterseite her hat nicht stattgefunden. Dem hellgrauen Überzug auf der Unterseite muß demnach trotz des verhältnismäßig reichlichen Sulfatgehaltes eine gewisse Schutzwirkung gegen den Angriff durch aggressive Bestandteile der umgebenden Luft zugesprochen werden.

Probe IV 1d. Weißes Ausfüllungsprodukt aus den Korrosionsstellen auf der Oberseite der Zinkrinne, entnommen an Korrosionsstellen der in Bild 13 dargestellten Art.

Die geringfügigen Probemengen wurden qualitativ untersucht. Sie bestanden im wesentlichen aus: Zinkoxyd, Zinkkarbonat und Zinksulfat neben wenig Sand, Ton und Eisenoxyd.

Im Gegensatz zur Probe c handelt es sich bei Probe IV 1d um ein Korrosionsprodukt des Zinks, dessen Entstehen auf örtliche Angriffe der Zinkrinne zurückzuführen ist, und zwar hat der Angriff seinen Ausgang an einzelnen Stellen der Oberseite der Rinne genommen, die mit ziemlich lose aufliegenden Flugstaubablagerungen und Ruß überdeckt waren. Die Zerstörung des Metalls mußte unterhalb der rußhaltigen Flugstaubablagerung vor sich gegangen sein; sie wurde auf der Oberseite erst nach Entfernen der Ablagerungen durch Abbürsten sichtbar. Wahrscheinlich hat beim Zustandekommen des Angriffs die Eigenschaft der kohle- und tonhaltigen Ablagerungen, Feuchtigkeit lange Zeit festzuhalten, eine wesentliche Rolle gespielt. Die Angriffstellen sind nicht unregelmäßig über die Oberseite der Rinne verteilt; sie liegen vielmehr in einzelnen Gruppen beisammen, die den Eindruck erwecken, als ob jede einzelne Gruppe von Korrosionsstellen etwa durch Flüssigkeitstropfen, die von einer als „Tropfnase" wirkenden Ecke oder Spitze der Dachbedeckung (Dachziegel) niedergefallen sind, entstanden wäre. Ist diese Annahme für die Entstehungsweise der Korrosionsstellen unter der Flugstaubschicht zutreffend, so würde zur Erhöhung der Lebensdauer von Rinnen zu empfehlen sein, von Zeit zu Zeit die sich ansammelnden losen Staub- und Schmutzablagerungen durch Abfegen zu entfernen, statt sie in der Annahme, daß sie das Zink schützen, Jahre lang in den Rinnen liegen zu lassen.

a   b   Lichtquelle von rechts
⟵
Etwa 0,23 nat. Größe

Bild 16. Saumrinne 2. Ansicht der Oberseite nach Abbürsten der lose anhaftenden Ablagerungen

Saumrinne 2.

Das Rinnenstück stammt aus Hamborn und war seit etwa 15 Jahren an dem Hause Kaiser Wilhelmstraße 72 an Schacht 3—6 angebracht.

Die Oberseite der Rinne war mit einer lose haftenden, schwarzen Staub- und Rußschicht bedeckt, die sich durch Abbürsten entfernen ließ. Nach dem Abbürsten kam die schwarze Oberfläche (Bild 16) zum Vorschein, die in ihrem mittleren Teil mit dicht nebeneinanderliegenden Anfressungsstellen bedeckt war, die der ganzen Oberfläche ein narbiges Aussehen verliehen.

Die Korrosionsnarben treten in gewissen Abständen nach rechts und links voneinander in stärkerer Häufung als kurze Streifen auf, die darauf hindeuten, daß sie vom Abtropfen angreifenden Dachwassers von einzelnen Stellen des Dachrandes herrühren.

Die Bilder 17 und 18 geben einen Ausschnitt aus Bild 16 (a—b) in natürlicher Größe wieder, und zwar ist Bild 17 nach Abbürsten der lose aufliegenden Ablagerungen, Bild 18 von der gleichen Stelle nach oberflächlichem Abbeizen der oxydischen Schicht aufgenommen.

In Bild 18 befindet sich bei p ein größerer kreisförmiger Fleck, der scheinbar wenig angegriffen war; die im Bild dort vorhandenen zahlreichen schwarzen Punkte sind jedoch haarfeine, durch die ganze Blechdicke hindurchgehende Löcher. Die narbig angefressene Oberfläche weist solche haarfeinen Durchfressungen nicht auf.

Erwähnt sei noch, daß beim Betrachten der Bilder (16, 17 und 18) die Richtung des auf das Bild fallenden Lichtes beachtet werden muß. Hält man das Bild so, daß die Lichtquelle für das Betrachten auf der linken statt, wie angegeben, auf der rechten Seite sich befindet, so wird leicht der falsche Eindruck von erhaben aufliegenden Ausscheidungen hervorgerufen, während es sich in Wirklichkeit um narbenartige Vertiefungen und Einfressungen handelt.

Die Unterseite der Rinne besaß das helle Bläulichgrau des viele Jahre der Einwirkung von Luft und Feuchtigkeit der Atmosphäre ausgesetzten Zinks.

Für die chemische Untersuchung wurden 2 Proben entnommen:

IV 2a. Von der Oberseite durch Abbürsten und Abschaben die verhältnismäßig lose auf der Zinkoberfläche haftenden Ablagerungen; sie stellten ein fast schwarzes Pulver dar.

IV 2b. Von der Unterseite durch Abschaben des Überzugs bis zum Erscheinen des Zinkmetalls. Die Probe war ein hellgraues Pulver.

Analysenergebnisse.

Probe IV 2 a. (Oberseite der Rinne).

Die Analyse der bei 105° getrockneten Masse ergab:

$v = 0,48$
⟵
Lichtquelle von rechts

Bild 17. Saumrinne 2. Nach Entfernen der lose anhaftenden Staubschicht

Bild 18. Saumrinne 2. Nach Abbeizen der Korrosionsprodukte.
Bei Stelle p feine Durchlöcherungen

Zahlentafel 11

Zinkoxyd (ZnO)	41,5%
Bleioxyd (PbO)	1,1%
Eisenoxyd (Fe_2O_3)	13,0%
Tonerde (Al_2O_3)	19,1%
Kieselsäure (SiO_2)	5,7%
Kalk (CaO)	1,3%
Magnesia (MgO)	0,2%
Kohlenstoff (als Ruß vorhanden)	4,5%
Kohlensäure (CO_2)	1,8%
Schwefelsäure (SO_3)	1,2%
Chlor (Cl)	Spuren
Wasser, chemisch gebunden, als Rest	10,6%

Für die Zink- und Bleiverbindungen berechnen sich nach der früher angegebenen Berechnungsweise folgende Gehalte, bezogen auf die bei 105° getrocknete Masse:

Zinkoxyd (ZnO)	39,2%
Zinksulfat ($ZnSO_4$)	1,6%
Zinkkarbonat ($ZnCO_3$)	2,3%
Bleisulfat ($PbSO_4$)	1,5%
Calciumkarbonat ($CaCO_3$)	2,3%

Probe 2a ist hiernach ein Gemisch von basischen Zinkverbindungen (mit wenig Zinkkarbonat und -sulfat), von anorganischem Staub (Ton, Sand, Eisenoxyd) und von Ruß.

Probe IV 2b. (Hellgrau gefärbte Probe von der Unterseite.)

Die bei 105° getrocknete Probe enthielt:

Zahlentafel 12

Zinkoxyd (ZnO)	66,0%
Bleioxyd (PbO)	3,3%
Eisenoxyd und Tonerde ($Fe_2O_3 + Al_2O_3$)	4,9%
Kieselsäure (SiO_2)	1,1%
Kalk (CaO)	0,3%
Magnesia (MgO)	0,1%
Natriumoxyd (Na_2O)	0,2%
Schwefelsäure	12,6%
Chlor (Cl)	0,4%
Kohlensäure	0,5%
Kohlenstoff (Ruß)	1,2%
Chemisch gebundenes Wasser (als Rest)	10,6%

Der Gehalt der Probe an Zinkoxyd, Zinksulfat und Bleisulfat berechnet sich wie folgt:

Zinkoxyd (ZnO)	54,4%
Zinksulfat ($ZnSO_4$)	23,0%
Bleisulfat ($PbSO_4$)	4,5%

Auch in diesem Falle hat sich auf der Unterseite der Rinne unter dem Einfluß der atmosphärischen Luft und Feuchtigkeit eine sulfatreiche Schicht von Korrosionsprodukt gebildet, ohne daß es dabei zu einer Durchlöcherung des Zinkblechs gekommen wäre.

Der Überzug stellt ein sulfatreiches Korrosionsprodukt des Zinks dar, dem noch kleine Mengen Eisenoxyde, Ton, Karbonat und Ruß beigemengt sind.

Regenabfallrohr IV 3

Das Zinkrohr befand sich seit etwa 20 Jahren an dem Hause Steckstr. 18, etwa 1 km von der Kokerei Meiderich entfernt. Der Rohrabschnitt zeigte keinerlei beschädigte Stellen; er war äußerlich mit einem hellbläulichgrauen, feinen Überzug bedeckt, der sich durch Abschaben entfernen ließ.

Die Analyse des dabei erhaltenen hellgrauen Pulvers Probe IV 3 ergab:

Zahlentafel 13

Zinkoxyd (ZnO)	62,1%
Bleioxyd (PbO)	Spuren
Eisenoxyd (Fe_2O_3) + Tonerde (Al_2O_3)	8,8%[1]
Kalk (CaO)	0,4%
Magnesia (MgO)	0,1%
Natriumoxyd (Na_2O)	0,3%
Kieselsäure (SiO_2)	2,6%[1]
Kohlensäure (CO_2)	8,6%
Schwefelsäure (SO_3)	4,0%
Chlor (Cl)	0,2%
Organische Stoffe (im wesentlichen Ruß)	4,0%
Chemisch gebundenes Wasser (als Rest)	8,9%

[1] Zum großen Teil in Säure unlöslich. (Sand und Ton.)

Die Mengen an Karbonaten, Sulfaten und an freiem Zinkoxyd berechnen sich wie folgt:

Zinkkarbonat ($ZnCO_3$)	23,3%
Kalziumkarbonat ($CaCO_3$)	0,7%
Magnesiumkarbonat ($MgCO_3$)	0,2%

Zinksulfat (ZnSO$_4$) 8,1%
Zinkoxyd (ZnO) 42,9%

Die auf dem Regenabfallrohr gebildete Schicht besteht somit in der Hauptsache aus wasserhaltigem Zinkoxyd, Zinkkarbonat und Zinksulfat, neben Flugstaubbestandteilen (Eisenoxyd, Ton, Sand und Ruß). Der Anteil an Zinksulfat ist niedriger als bei den Rinnenunterseiten, der Gehalt an Zinkkarbonat höher, so daß vermutlich das Rohrstück sich an einer vor dem Zutritt SO$_2$ haltiger Luft geschützten Stelle befunden hat, und der Karbonatgehalt des Überzuges ansteigen konnte, ohne durch eine hohe SO$_2$- bzw. SO$_3$-Aufnahme verringert zu werden.

Gebiet V: Küstengegend
Zinkrinne von der Nordseeküste

Das Rinnenstück war vom Preußischen Staatshochbauamt Norden (Ostfriesland) zur Verfügung gestellt worden. Es stammte von der staatseigenen Domäne „Dornumer-Vorwerk" bei Dornum, Kreis Norden; Entfernung von der Küste etwa 1 km. Die Rinne ist laut Mitteilung der Behörde im Frühjahr 1908 an der Nordseite der vorgenannten Domäne angelegt worden, das Alter der Rinne betrug bei der Abnahme im Jahre 1936 rund 28 Jahre.

Bild 19 zeigt im Vordergrund die vom Haus abgewandte Seite des Rinnenstücks, Bild 20 die dem Haus zugewandte, angegriffene Seite. Außer den an der Oberfläche gebliebenen Korrosionen waren an dem ganzen etwa 1 m langen Rinnenstück keine durch Korrosion entstandenen, tiefer gehenden Zerstörungen oder Durchlöcherungen des Zinkbleches aufgetreten.

Die Unterseite der Rinne (Bild 19 bzw. 21, b) war auf der vom Haus abgewandten Hälfte mit einer sehr dünnen weißlichen, sich fettig anfühlenden Schicht bedeckt, von der sich nur ganz geringe Mengen (0,1 g) eines weißen Pulvers durch Abschaben entnehmen ließen, Probe Va.

Die dem Haus zugewandte Hälfte der Unterseite (Bild 20) war mit weißlichen Krusten bedeckt, die von einem Angriff des Zinks herrühren. Beim Abschaben der Korrosionsprodukte wurden reichliche Mengen eines weißen Pulvers erhalten (Probe Vb); die Oberseite, über die die Hauptmenge des vom Dach abfließenden Regenwassers abgeleitet worden ist, war vor der Einlieferung

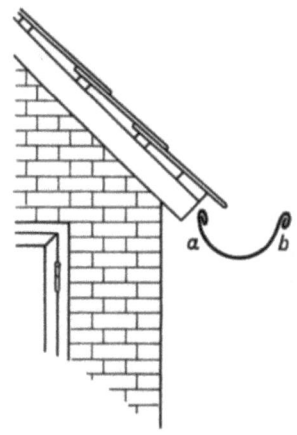

Bild 19. Rinne aus der Küstengegend. (Im Vordergrund Windseite der Rinne)

Bild 21. Lageskizze der Rinne
a Hausseite, b Windseite

des Rinnenstückes bereits von anhaftenden Ablagerungen gesäubert gewesen. Soweit aus noch vorhandenen kleinen Resten geschlossen werden konnte, handelt es sich dabei im wesentlichen um ein Gemisch von feinem Sand (Flugstaub) und Ruß.

An den tiefsten Stellen des Rinnenbodens war stellenweise geringe oberflächliche Korrosion erkennbar, die aber nirgends zu einer tiefergehenden Beschädigung oder einer Durchlöcherung geführt hat.

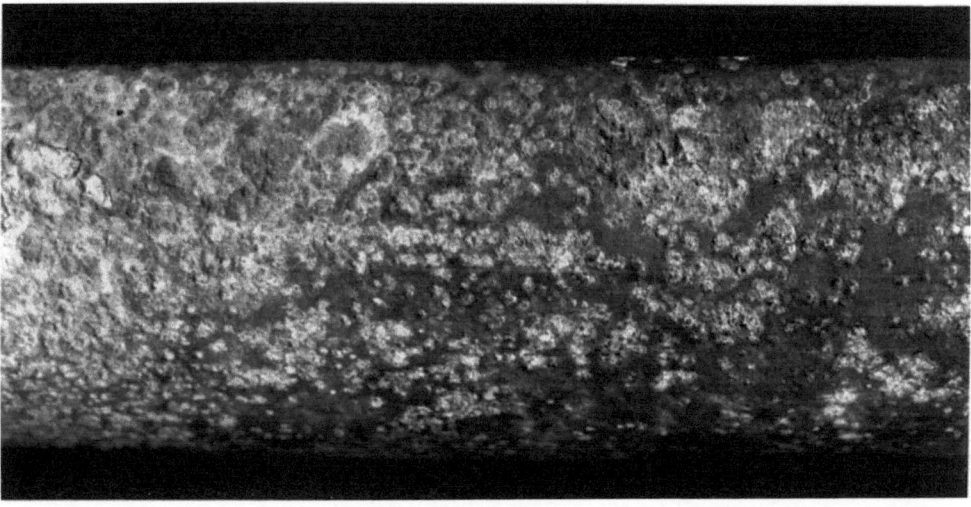

Bild 20. Hausseite

Analysenergebnisse

Probe Va. Nach dem Anfeuchten mit Wasser zeigte die Probe gegen Lackmus alkalische Reaktion. Das grauweiß gefärbte Pulver wurde bei 105° getrocknet; es enthielt 5,5% Feuchtigkeit. Im getrockneten Material waren vorhanden:

Zahlentafel 14 (Windseite)

Gesamt-Zinkoxyd (ZnO)	68,6%
Kohlensäure (CO_2)	6,6%
Schwefelsäure (SO_3)	5,8%
Chlor (Cl)	0,3%
Gebundenes Wasser und sonstiges als Rest	18,7%

Hieraus berechnen sich als Hauptbestandteile:

Zinkoxyd (ZnO)	50,2%
Zinkkarbonat ($ZnCO_3$)	18,8%
Zinksulfat ($ZnSO_4$)	11,7%
Zinkchlorid ($ZnCl_2$)	0,6%
Gebundenes Wasser und sonstiges (als Rest berechnet)	18,7%

Auf der vom Gebäude abgewandten Unterseite der Rinne ist demnach im Laufe der 28 Jahre ein Überzug entstanden, der im wesentlichen aus wasserhaltigen basischen Zinkverbindungen und zwar von Zinkkarbonat, Zinksulfat und wenig Zinkchlorid, sowie aus Zinkoxyd besteht. Eine nennenswerte Beschädigung des Rinnenmaterials hat hier nicht stattgefunden; dem Überzug muß demnach eine das Fortschreiten der begonnenen Korrosion stark hemmende Schutzwirkung zugesprochen werden.

Die Schutzwirkung kommt vermutlich dadurch zustande, daß anfänglich zwar durch Regenwasser und versprühtes Seewasser unter Mitwirkung der atmosphärischen Luft Korrosion am Zink einsetzt, daß aber im Laufe der Zeit die benetzte Oberfläche immer wieder rasch abtrocknet und dabei aus der dünnen Schicht der anfänglich entstandenen in Wasser nur wenig löslichen Korrosionsprodukte ein dichter Film wird, der für die angreifend wirkenden Stoffe bzw. Lösungen nur äußerst geringe Durchlässigkeit besitzt und das Fortschreiten der Korrosion weitgehend verhindert.

Probe Vb. Die Probe bestand aus einem weißen Pulver, das nach dem Anfeuchten mit Wasser gegen Lackmus alkalisch reagierte. Sie wurde bei 105° getrocknet und gab folgende Zusammensetzung:

Zahlentafel 15

Zinkoxyd (ZnO)	63,9%
Bleioxyd (PbO)	0,3%
Eisenoxyd (Fe_2O_3)	4,0%
Kalk (CaO)	0,6%
Magnesia (MgO)	0,6%
Natriumoxyd (Na_2O)	3,1%
Kohlensäure (CO_2)	11,1%
Schwefelsäure (SO_3)	1,9%
Chlor (Cl)	1,8%
Kieselsäure (SiO_2)	2,4%
Chemisch gebundenes Wasser (als Rest berechnet)	1,28%

Daraus berechnen sich etwa folgende Verbindungen:

Zahlentafel 16

Zinkoxyd (ZnO)	45,6%
Zinkkarbonat ($ZnCO_3$)	22,2%
Zinksulfat ($ZnSO_4$)	3,8%
Bleisulfat ($PbSO_4$)	0,4%
Zinkchlorid ($ZnCl_2$)	3,5%
Calciumkarbonat ($CaCO_3$)	1,0%
Magnesiumkarbonat ($MgCO_3$)	1,3%
Natriumkarbonat (Na_2CO_3)	5,3%
Eisenoxyd (Fe_2O_3)	0,4%
Kieselsäure (SiO_2)[2]	2,4%
Chemisch gebundenes Wasser als Rest	14,1%

[2] Hauptsächlich in Form von feinem Sand zugegen (Flugsand).

Die Zusammensetzung der Korrosionsprodukte, die sich auf der dem Gebäude zugewandten Unterseite der Rinne gebildet haben, läßt erkennen, daß es sich hierbei nicht um Produkte handelt, die sich nach Art des weißen Zinkrostes lediglich infolge der Einwirkung von Luftfeuchtigkeit, Luftsauerstoff und Luftkohlensäure gebildet haben; bei ihrem Entstehen waren außerdem Chloride, Sulfate, Magnesium- und Natriumsalze beteiligt, wie aus dem Gehalt der Probe an diesen Bestandteilen hervorgeht.

Man hätte vielleicht erwarten können, daß der Angriff durch Seewasserbestandteile gerade an der dem Gebäude zugewandten und daher geschützt erscheinenden Rinnenseite geringer gewesen wäre als auf der dem Angriff stärker ausgesetzten, vom Hause abgewandten äußeren Rinnenseite. Es muß hierbei jedoch berücksichtigt werden, daß an der dem Gebäude zugewandten Seite der Rinne sich gelegentlich Wassertröpfchen von versprühtem Meerwasser niederschlagen und längere Zeit dort halten konnten, wobei Korrosionsprodukte entstanden von ähnlicher Zusammensetzung wie sie den Korrosionsprodukten der Einwirkung von Seewasser auf Zinkteile zukommt.

D. Schlußfolgerungen

Auf Zinkblechteilen, die an Bauwerken der Einwirkung atmosphärischen Einflüsse ausgesetzt sind, bilden sich im Laufe der Zeit Überzüge, die in der Hauptsache aus Verbindungen des Zinks bestehen.

Der Vergleich der Analysenergebnisse läßt erkennen, daß die unter verschiedenen Bedingungen entstandenen Überzüge auf den Zinkteilen keine einheitlichen Stoffe sind. Sieht man von den Gehalten an mehr zufälligen Beimischungen, wie Flugstaub, (Sandstaub, Eisenoxyden, Ton, Kalkverbindungen u. a.) sowie von Ruß und teerigen Stoffen ab, so handelt es sich bei sämtlichen Überzügen um Gemische von Zinkverbindungen, wie Zinkoxyd, Zinkhydroxyd, basisches Zinkkarbonat, basisches Zinksulfat, und meist geringfügigen Mengen von basischem Zinkchlorid; außerdem sind Bleiverbindungen zugegen, herrührend vom Pb-Gehalt des verwendeten Zinks. Zwar konnten nach Lage der Dinge keine Ergebnisse über die Zusammensetzung eines Überzuges aus verschiedenen Zeitabschnitten beschafft werden, jedoch kann man mit ziemlicher Sicherheit schließen, daß die Überzüge in ihrer Jugend karbonatreicher gewesen sein mußten als in dem Endstadium, in dem sie zur Untersuchung gelangten. Ferner ist aus den Analysenbefunden zu entnehmen, daß die Oberflächenschicht in allen Fällen im Laufe der Zeit erhebliche Mengen Sulfat in Form von basischem Zinksulfat aufnimmt, das vom Regenwasser nicht ausgelaugt wird. Aus der Tatsache, daß die älteren Überzugsschichten merklich ärmer an Karbonat sind als die jüngeren muß geschlossen werden, daß die Anreicherung des Sulfatgehaltes in den Schichten auf Kosten des Karbonatgehaltes vor sich geht. Bei hinreichend langer Dauer der atmosphärischen Einwirkung kann der Karbonatgehalt völlig verschwinden. Ist dieser Fall eingetreten, so wird anscheinend kein basisches Zinksulfat mehr gebildet, sondern mit der SO_2-haltigen Luft entsteht auslaugbares, neutrales Zinksulfat. Für die Haltbarkeit des Zinkbleches erscheint somit der Karbonatgehalt des Überzuges insofern von Wichtigkeit zu sein, als diese Wirkung der sauren Gasbestandteile, die mit einer Auflockerung des Überzuges verbunden ist, durch die Anwesenheit von Karbonat verhindert wird.

Die Aufspeicherung von Sulfaten im Überzug beeinträchtigt die Haltbarkeit des Zinkbleches nicht, vielmehr wird durch sie eine Verdichtung der Überzugsschicht erreicht und der Angriff durch die sauren Gase gehemmt, solange noch Karbonat im Überzug zugegen ist, so daß man von einer Schutzwirkung des gleichzeitig Sulfat und Karbonat enthaltenden Überzuges sprechen kann.

Etwas anders spielte sich der Verlauf der Überzugbildung an der Zinkrinne von der Nordseeküste ab. Auf der vom Haus abgewandten Windseite der Rinne hatte sich nur ein sehr geringfügiger, Karbonat, Sulfat und wenig Chlorid enthaltender Überzug gebildet, dem Schutzwirkung zugesprochen werden muß. Auf der dem Gebäude zugewandten, also etwas geschützten Unterseite hatten sich örtliche Korrosionsstellen mit pustelartigem weißem Ausschlag gebildet. Wahrscheinlich hatten sich gelegentlich verstäubte Wassertröpfchen an den geschützten Stellen niedergeschlagen, die zur Seewasserkorrosion führten, wie aus dem Gehalt an Karbonat und den geringeren Mengen Sulfat und Chlorid hervorgeht.

Im Verhalten des Zinks gegenüber der lange Zeit anhaltenden Einwirkung der atmosphärischen Luft lassen sich zwei zeitlich nacheinander verlaufende Abschnitte erkennen, die sich durch eine Verschiebung in der chemischen Zusammensetzung voneinander unterscheiden. Im ersten Abschnitt entsteht basisches Karbonat, das in dem Maße, wie schweflige Säure und Luftsauerstoff hinzutreten, in basisches Sulfat übergeht unter gleichzeitigem Verlust von CO_2. Der Überzug besteht in diesem Zeitabschnitt aus einem Gemisch wechselnder Zusammensetzung von Karbonat und Sulfat neben etwas Chlorid.

Der Zustand des ersten Zeitabschnittes ist also gekennzeichnet durch den Einbau von Sulfat bzw. Chlorid in die karbonathaltige Oberflächenschicht, die dadurch dichter und für angreifende Lösungen undurchdringlicher wird. Damit erklärt sich die schützende Wirkung des Überzuges im ersten Zeitabschnitt.

Der zweite Abschnitt beginnt mit dem Verschwinden des Karbonates aus dem Überzug, wobei basisches Sulfat durch die SO_2-haltige Luft in lösliches neutrales Sulfat übergeht, das vom Regenwasser auswaschbar ist. Der Metallangriff findet dabei gleichzeitig seinen Fortgang, sobald kein schützendes Karbonat mehr vorhanden ist.

Für die Haltbarkeit des Zinkbleches ist die möglichst lange Erhaltung des schützend wirkenden Überzuges aus Karbonat- und Sulfatgemisch des ersten Zeitabschnittes entscheidend. Die Schutzwirkung des karbonat- und sulfathaltigen Überzuges ist an den Zinkblechteilen aus ländlicher Gegend und aus der Großstadt-Randsiedlung deutlich zu erkennen. Der nach 50 bzw. 29 Jahren vorhandene Überzug fällt noch innerhalb des ersten Zeitabschnittes.

Bei dem über 80 Jahre alten Stück Zinkbedachung aus der Großstadt ist das Ende des ersten Zeitabschnittes bereits überschritten, der Karbonatgehalt fehlt, der Überzug ist gelockert, das Metall hat stellenweise eine merkliche Schwächung durch den Angriff erfahren.

Die Überzüge der Rinnen aus der besonders stark durch SO_2 verunreinigten Luft des Industriegebietes um Hamborn sind ziemlich arm an Karbonat. An diesen Rinnen setzte der Angriff durch die SO_2-haltige Luft schon frühzeitig ein und verkürzte den ersten Zeitabschnitt erheblich. Die beiden Rinnen hatten 25 bzw. 15 Jahre gelegen. Dagegen zeigt das Regenabfallrohr aus dieser Gegend, daß trotz der im Durchschnitt stark angreifenden Atmosphäre, die Ausbildung einer gut schützenden Oberflächenschicht möglich ist; vermutlich ist der betreffende Zinkblechteil an einer den angreifenden Gasen weniger leicht zugänglichen Stelle des Gebäudes angebracht gewesen, so daß nach 20 Jahren des Gebrauchs der Karbonatgehalt des Überzugs keinen Abbau erlitten hat.

Die Feststellung, daß in der Oberflächenschicht von Zinkblechteilen, die lange Zeit der Einwirkung der freien Atmosphäre ausgesetzt sind, allmählich Sulfat (und in geringer Menge auch Chlorid) angereichert wird, bei gleichzeitigem Rückgang des Karbonatgehaltes, findet übrigens eine gewisse Parallele bei der Entstehung der Patina auf Kupferblechen. Die noch weit verbreitete Ansicht, daß die Patina hauptsächlich aus basischem Kupferkarbonat bestehe, ist nach W. H. J. Vernon und L. Whitby (Journ. Instit. metals 42 [Heft 2, 1929] 181 und 44 [Heft 2, 1930] 389) nicht zutreffend. Nach eingehenden Untersuchungen, die sich auf die Patinaüberzüge von Kupferdächern in Industrie- und Großstädten, in ländlichen Gegenden und in Küstengebieten erstreckten, fanden diese Forscher im Endprodukt hauptsächlich basisches Kupfersulfat neben nur wenig Karbonat, während in der Patina aus den Küstengebieten außer diesen Bestandteilen noch basisches Kupferchlorid hinzukommt.

E. Zusammenfassung

Aus verschiedenen Gegenden Deutschlands (Großstadt-Randsiedlung, ländlicher Bezirk, Großstadt, Industriegegend und Nordseeküste) wurden Zinkbleche beschafft, die lange Zeit den atmosphärischen Einflüssen ausgesetzt gewesen waren; die darauf vorhandenen Überzüge wurden analytisch untersucht, die Ergebnisse sind einzeln mitgeteilt.

Aus den Ergebnissen ist zu entnehmen, daß anfänglich ein karbonathaltiger Überzug entsteht, während späterhin mehr und mehr Aufspeicherung der SO_2 aus der Luft einsetzt, die unter Mitwirkung von Luftsauerstoff als Sulfat in Form von basischem Zinksulfat in den Überzug eingebaut wird.

Der aus basischem Karbonat und basischem Sulfat bestehende Überzug besitzt Schutzwirkung.

Die Schutzwirkung läßt erst nach, wenn im Laufe der Zeit alles basische Karbonat durch die SO_2 der Luft in Sulfat übergeführt ist und das basische Sulfat durch Einwirkung der SO_2 und des Luftsauerstoffs in neutrales Sulfat umgewandelt wird, das auslaugbar ist; infolge der Auflockerung des Überzuges kann dadurch der Angriff fortschreiten.

In ländlicher Gegend, sowie in Randsiedlungen der Großstadt, mit verhältnismäßig geringem SO_2-Gehalt der Luft, nimmt die Aufnahme von Sulfat lange Zeit in Anspruch, ohne daß der Karbonatvorrat aufgebraucht wird (günstige Schutzwirkung).

Auch aus der Haltbarkeit des Zinkbleches aus der Großstadt ist zu entnehmen, daß die schützende Wirkung des karbonat- und sulfathaltigen Überzuges lange Zeit angehalten haben muß.

In Industriegegenden mit reichlich SO_2-führender Luft ist die Grenze der Schutzwirkung in kürzerer Zeit erreicht als in Gebieten mit SO_2-armer Luft.

Im Küstengebiet (Nordseeküste) wird durch Chloride (Seewasserstaub) das Entstehen eines schützend wirkenden Überzuges nicht verhindert. Dagegen kann an Stellen der Zinkteile, die durch Seewasser benetzt worden sind und die nicht rasch wieder abtrocknen können, Korrosionen durch Seewassertropfen auftreten.

Meinem Amtskollegen, Herrn Walter Böhm spreche ich für seine hingebungsvolle Mitarbeit bei der Durchführung der zahlreichen Analysen meinen besten Dank aus.

Staatliches Materialprüfungsamt Berlin-Dahlem, im Juli 1940.

ZINKKORROSIONEN UND DIE KONSERVIERENDE NACHBEHANDLUNG VON PAPPDÄCHERN

Von Eugen Deiß.

Im Vedag-Buch 1936, S. 123 ist über gewisse, an Zinkrinnen und Zinkvorstoßblechen von Bitumenpappdächern auftretende Beschädigungen berichtet worden, die bereits nach wenigen Jahren zu einer Durchlöcherung der Zinkteile führen. Es konnte sodann der Nachweis geführt werden, daß diese Beschädigungen durch das über die Bitumenpappdächer abfließende Wasser hervorgerufen werden, in dem sich die durch Oxydation des Bitumens unter der Einwirkung von Feuchtigkeit, Luftsauerstoff und Sonnebestrahlung bildenden Oxydationsprodukte zu einer sauerreagierenden, das Zink angreifenden Flüssigkeit aufgelöst haben. Bei strömendem Regen werden die sauren Wässer so rasch über das Zink hinweggeführt, daß ihre Wirkung auf das Zink unmerklich gering bleibt. Findet jedoch nur eine geringe Befeuchtung der Bitumenoberfläche durch Tau oder schwachen Regen statt, wobei nur geringe Mengen Wasser ins Fließen oder zum Abtropfen kommen, so lösen sich die vorhandenen Oxydationsprodukte zu einer um so stärker angereicherten Flüssigkeit auf, je länger der Weg ist, den das Wasser über die Bitumenoberfläche zurückzulegen hat. Solche angereicherten Lösungen greifen Zink dort an, wo sie auf das Metall übertreten, und zwar um so stärker, je länger sie damit in Berührung bleiben. Der Hauptangriff des Zinks findet hiernach an der Grenze gegen das Metall, am Bitumenrand statt. Auf Vorstoßblechen findet man häufig in Bewegung geratene Bitumentropfen und -streifen, die von tiefen Einkerbungen im Metall eingefaßt sind oder aussehen, als ob sie mit einer Laubsäge am Bitumenrand entlang ausgeschnitten wären.

Eine Bestätigung der Feststellung, daß das über Bitumen abfließende Wasser Zink angreift, ist noch durch Untersuchungen von H. Walther (Vedag-Buch 1936, S. 136), sowie von O. G. Strieter erbracht worden.

O. G. Strieter und H. R. Snoke (Journ. Research Nat. Bureau of Standards 16 [1936] 481) hatten nachweisen können, daß bei der Oxydation von Bitumen an feuchter Luft unter gleichzeitiger Belichtung, sowohl mit Sonnenlicht als auch mit Kohlebogenlicht, saure Produkte entstehen, deren wäßrige Lösung die für Ketosäuren charakteristischen Reaktionen ergiebt. Daß die von Bitumenpappdächern abtropfenden Wässer Zink angreifen, war ihnen bei Ausführung ihrer Versuche nicht bekannt; nach privater Mitteilung (Januar 1937) konnte Strieter durch Umfrage in den Kreisen der Dachpappenindustrie der U. S. A. feststellen, daß Zinkkorrosionen in Amerika zwar wiederholt beobachtet worden sind, daß aber die Ursache für diese Schäden nicht erklärt werden konnte. Weitere Untersuchungen Strieters ergaben, daß die bei dem beschleunigten Verfahren zur Prüfung der Wetterbeständigkeit von Dachpappen nach Strieter und Snoke entstehenden säurehaltigen Wässer tatsächlich Zink angreifen.

Von unserer deutschen Bitumenindustrie sind Mittel und Wege gefunden worden, um das Entstehen saurer Oxydationsprodukte auf bituminierten Dachpappen dadurch zu verhindern, daß die Oberfläche der Dachpappen nach besonderen Verfahren gegen die Einwirkung von Luft, Feuchtigkeit und Sonnenlicht geschützt wird; so hatte es eine Zeitlang den Anschein, als ob damit den Zinkzerstörungen ein für allemal Einhalt geboten sei.

Inzwischen sind jedoch weitere Fälle von Zinkbeschädigungen bekannt geworden, die erkennen lassen, daß auch in Zukunft mit Zinkzerstörungen gerechnet werden muß, wenn nicht bei der Pflege und Nachbehandlung der Pappdächer die erforderlichen Maßnahmen getroffen werden.

Wie sich bei näherer Prüfung des Zustandekommens dieser Zinkbeschädigungen herausstellte, handelte es sich in den meisten Fällen um ältere Dachbeläge, die zu ihrer Konservierung mit frischem Anstrich — entweder durch Auftragen von heißem Bitumen oder durch Bestreichen mit einer Lösung von Bitumen in flüchtigem Kohlenwasserstoff — versehen worden waren. Wenige Jahre später wurden Zerstörungen an den Zinkteilen des Daches bemerkt.

Der Zusammenhang der Zerstörungen mit dem Neuanstrich der Pappdächer bzw. mit der durch den Anstrich geschaffenen frischen Oberfläche des Anstrichmittels war in einem Falle wegen ungenügender Angaben nicht geklärt, in anderen Fällen jedoch unverkennbar.

Mit der Notwendigkeit, die Dachpappen nach einer gewissen Zeit mit einem neuen Anstrich zu versehen, ist bei allen Pappdächern einmal zu rechnen; nach H. Walther (Vedag-Buch [1932] 97) haben die Anstriche zwei Aufgaben zu erfüllen: einmal soll die durch Feuchtigkeit, Luft und Sonnenbestrahlung im Laufe der Zeit verwitterte und zum Teil verbrauchte Oberschicht der Dachpappe wieder ergänzt werden; sodann soll durch den neuen Auftrag die Pappe selbst geschützt bzw. geschmeidig erhalten werden, die andernfalls infolge des allmählichen Verschwindens der bituminösen Deckschicht selbst der Verwitterung anheimfällt und brüchig bzw. undicht wird. Die Zeit, nach der die Konservierung der Dachpappe zu erfolgen hat, ist je nach Art der Dachpappe (Teerpappe, Bitumenpappe, Teerit usw.), nach der Lage des Daches zur Himmelsrichtung, der Art der Beanspruchung und nach den sonstigen örtlichen Verhältnissen verschieden. Während bei Teerpappdächern der Anstrich mit Teer alle 2 bis 3 Jahre erneuert werden soll, ist nach H. Walther bei Teerit- und Asphaltbitumendächern unter sonst normaler Beanspruchung ein Konservierungsanstrich nach 5 bis 10 Jahren nötig, bei Asphaltinpappdächern erst nach 10 Jahren.

Es ist zweckmäßig, diese Anstriche der besseren Haftfähigkeit wegen mit dem gleichen bituminösen Mittel auszuführen, das schon bei der Herstellung der Dachpappe als obere Auflageschicht benutzt worden war; bei Teerpappdächern wird also der Anstrich mit Teer, bei Bitumenpappdächern mit einem entsprechenden Bitumen ausgeführt.

Hat sich bis zum Aufbringen eines konservierenden Anstriches noch kein Angriff an den Zinkteilen gezeigt, so muß mit der Möglichkeit eines solchen gerechnet werden, wenn für den Anstrich ein an der freien Atmosphäre zur Oxydation neigendes Bitumen verwendet wird.

Aus Untersuchungen H. Walthers (Vedag-Buch [1936] 136) geht hervor, daß die Bitumensorten des Handels unter der gemeinsamen Einwirkung von Licht, Luft und Feuchtigkeit mehr oder weniger leicht wasserlösliche Oxydationsprodukte bilden, deren Lösung Zink angreift. Zerstörungen bzw. Durchlöcherungen von Zinkteilen, die an Gebäuden angebracht sind, wie Vorstoßbleche, Rinnen,

Regenabfallrohre, bedeuten aber, daß Regenwasser von den undichten Stellen aus nicht nur an die Außenseiten des Gebäudes gelangen kann, sondern auch in das Mauerwerk selbst eindringt, von da aus Wege in das Innere des Gebäudes findet und dort Zerstörungen anrichtet.

Da Zinkteile der genannten Art großenteils so an den Gebäuden angebracht sind, daß sie der dauernden Kontrolle nicht leicht zugänglich sind, so können die auf solche Weise entstehenden Gebäudeschäden leicht ein erhebliches Ausmaß annehmen.

Wenn es auch zuweilen bei rechtzeitiger Erkennung des sich entwickelnden Schadens gelingt, für eine gewisse Zeit durch Ausflicken, Überlöten entstandener Löcher mit Zinkblech, Überstreichen gefährdeter Metallflächen mit schützenden Überzügen usw., den Angriff des Metalls zu verzögern, so ist ein solcher Behelfsweg zwar in manchen Fällen brauchbar; für Regenabfallrohre z. B. kommt er praktisch nicht in Frage.

Um den sichersten Weg zu finden, solchen Schäden aus dem Weg zu gehen, ist es vor allem wichtig, die tiefere Ursache für das Entstehen der Schäden zu kennen. Erst diese Kenntnis gibt die Möglichkeit, die besonderen Eigenschaften zu nennen, die im vorliegenden Fall von dem Werkstoff verlangt werden müssen, um ihn für bestimmte Zwecke geeignet erscheinen zu lassen.

Beispiele

1. Durchlöcherung von Regenabfallrohren an einem Güterschuppen in Bremerhaven

Als für die Untersuchung der Oberflächenschichten von Zinkteilen, die lange Zeit der Einwirkung atmosphärischer Luft und Feuchtigkeit ausgesetzt waren, Zinkrinnen oder Rohre aus der Küstengegend gesucht wurden, befand sich unter den eingesandten Teilen ein Abschnitt von einem Regenabfallrohr, das längere Zeit an einem Güterschuppen in Bremerhaven zur Regenwasserableitung gedient hatte. An dem Rohr waren erhebliche Beschädigungen aufgetreten; darüber war folgender Bericht mitgegeben worden:

„Das Rohr ist an einem im Hafengebiet gelegenen Schuppen angebracht gewesen. Es war unmittelbar und ungeschützt — also ohne Anstrich — der Seeluft ausgesetzt, denn der Schuppen liegt etwa 1 km von der Wesermündung entfernt. Das Rohr ist 1921 aus Zinkblech Nr. 12 neu angefertigt und angebracht worden. Es ist seit einer Reihe von Jahren durchlöchert und daher ausgebessert worden, was Sie auch ohne weiteres an dem Rohr feststellen können."

Da das Rohr auf seiner Innenseite reichliche Mengen eines eingeflossenen bituminösen Stoffes aufwies, wurde zur Klarstellung der Herkunft dieses Stoffes um weiteren Aufschluß gebeten; die Hafenbehörde teilte noch folgendes mit:

„Das Ihnen übergebene, alte, ausgebesserte Abfallrohr ist am Güterschuppen 12 abgenommen worden. Der Schuppen hat in der Nachkriegszeit neue Dachrinnen und Abfallrohre von Zinkblech Nr. 12 erhalten. Die Rinnen wurden neu mit Bleimennige und grauer Ölfarbe gestrichen. Als sich später, und zwar in verhältnismäßig kurzer Zeit, Löcher in den Rinnen bildeten, sind die schadhaften Stellen mit Zinkblech bzw. mit aufgeklebten Leinen gedichtet und ganz mit Bitumenmasse gestrichen worden.

Die Dachfläche des größten Teiles der großen Kajeschuppen sind mit Teerpappe eingedeckt und werden in Zeiträumen von 2 bis 3 Jahren geteert.

Am Columbusbahnhof, welcher mit Bitumenpappe eingedeckt ist, sind die Zinkabfallrohre ebenfalls in kurzer Zeit durchlöchert. Dachrinnen von Zink sind an diesem Gebäudekomplex nicht angebracht."

Um die Ursache der Zerstörungen an den Zinkteilen festzustellen, wurden an dem Rohrstück vorhandene Korrosionsprodukte sowie eine Probe der bituminösen Masse aus dem Rohrabschnitt näher untersucht.

a) Beschreibung und Untersuchung des Rohrabschnittes; Untersuchungsergebnisse

Zur Verfügung stand ein etwa 1 m langer Abschnitt aus dem Regenabfallrohr; über die ganze Länge des Abschnitts war ein Zinkblechstreifen aufgelötet, wie in Bild 1 schematisch dargestellt, der den Zweck hatte, die auf einer Seite des ursprünglichen Regenabfallrohres vorhandenen Löcher abzudichten. Die Bilder 2, 3 und 4 stellen die Ansichten der Oberfläche übereinanderliegender Stellen des übergelöteten Zinkstreifens und des Regenfallrohres dar und zwar zeigt Bild 2 die Innenseite des übergelöteten Blechstreifens, Bild 3 die ihr gegenüberliegende Fläche des durchlöcherten Rohres und Bild 4 die Innenwand des durchlöcherten Rohrstücks.

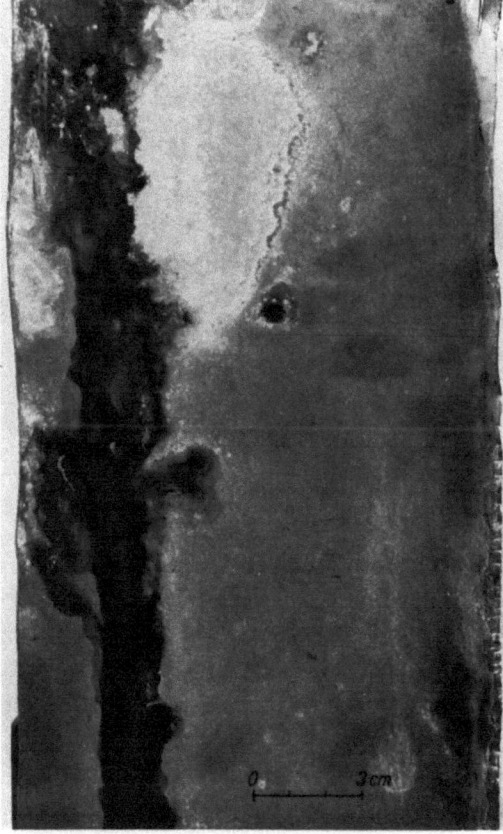

Bild 1. Regenabfallrohr Bremerhaven
Skizze des Rohrabschnittes mit übergelötetem Zinkblechstreifen

An der Innenwand des Rohres befanden sich reichliche Mengen von herabgeflossener, schwarzglänzender teer- bzw. bitumenartiger Masse; dem Anschein nach handelt es sich dabei um Anstrichmasse, die entweder beim Heißaufbringen oder nachträglich infolge Erwärmung durch Sonnenbestrahlung ins Fließen geraten ist.

Bild 2. Regenabfallrohr Bremerhaven
Innenseite des übergelöteten Zinkblechstreifens (a)

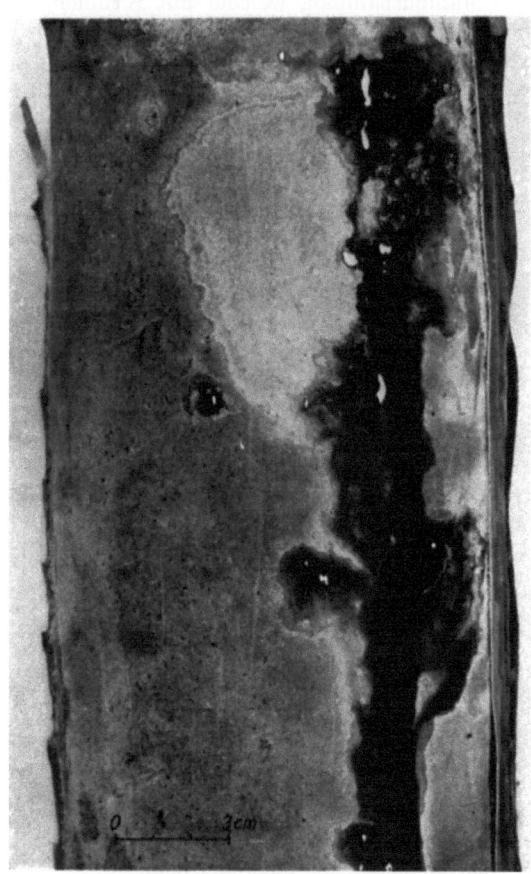

Bild 3. Regenabfallrohr Bremerhaven
Außenseite des durchlöcherten Rohres nach Wegnahme des übergelöteten Zinkblechstreifens (b)
(Der Fläche (a) gegenüberliegend)

Bild 4. Regenabfallrohr Bremerhaven
Innenwand (c) des durchlöcherten Rohres
Rückseite des Abschnittes b

Überall da, wo die Innenwand des Rohres mit der schwarzen Masse bedeckt war, ließen sich keine Beschädigungen der Metalloberfläche feststellen. Die Lochstellen fanden sich nur an unbedeckt gebliebenen Stellen; kleinen Inseln oder Ecken in der bituminösen Masse. Größere, von schwarzer Masse frei gebliebene Stellen waren mit bräunlichem, mattem Überzug bedeckt; der Angriff an solchen Flächenstücken verteilte sich ziemlich gleichmäßig über die freigebliebenen Flächen.

Die Untersuchung der am Rohrinnern fest anhaftenden, glänzend schwarzen Masse ergab eindeutig, daß es sich um Steinkohlenteer, nicht um Asphaltbitumen handelt[1].

In dem durch das aufgelötete Blechstück und die Rohrwand gebildeten, flachen Hohlraum hatte sich auf dem oberen Teil der Metallflächen (Bild 2 und 3) ein weißes Korrosionsprodukt gebildet, das dem Aussehen nach durch Kondenswasserbildung entstanden sein konnte. Um dies nachzuprüfen, wurden die weißen Ausscheidungen gesammelt und auf chemische Zusammensetzung untersucht (Probe A).

Auf der überlötet gewesenen Außenseite des ursprünglichen Rohres (Bild 3) befand sich außer weißen Ausscheidungen noch ein sehr festhaftender bläulichgrauer Überzug, der sich in der Zeit vor dem Überlöten der undicht gewordenen Stellen unter der Einwirkung der atmosphärischen Luft und Feuchtigkeit gebildet hatte; er wurde durch Abschaben entfernt und als Probe B ebenfalls analysiert.

Die Analyse beider Proben im lufttrockenen Zustand ergab:

Bezeichnung der Proben	A	B
Zinkoxyd (ZnO)	86,4%	66,0%
Kalk (CaO)	0,2%	0,4%
Magnesia (MgO)	0,1%	0,1%
Natriumoxyd Na_2O)	Spuren	Spuren
Kohlensäure (CO_2)	2,8%	2,4%
Schwefelsäure (SO_3)	1,4%	9,7%
Chlor (Cl)	Spuren	Spuren
Feuchtigkeit (ermittelt durch Trocknen bei 105°)	1,9%	6,1%
Chemisch gebundenes Wasser	Rest	Rest

Aus vorstehenden Zahlen berechnen sich unter der Annahme, daß CaO und MgO als $CaCO_3$ und $MgCO_3$ vorliegen, daß ferner die restliche CO_2 an ZnO gebunden als (basisches) $ZnCO_3$ und das SO_3 ebenfalls an ZnO gebunden als (basisches) $ZnSO_4$ in den Proben vorhanden ist, folgende Hauptbestandteile:

	A	B
$CaCO_3$	0,4%	0,7%
$MgCO_3$	0,2%	0,2%
$ZnCO_3$	7,1%	5,7%
$ZnSO_4$	2,8%	19,6%
ZnO	80,4%	52,4%
Feuchtigkeit (durch Trocknen bei 105° bestimmt)	1,9%	6,1%
Chemisch gebundenes Wasser (als Rest berechnet)	7,2%	15,3%

Hiernach handelt es sich bei Probe A um ein etwas sulfathaltiges, aus wasserhaltigem Zinkoxyd und Zinkkarbonat bestehendes Korrosionsprodukt des Zinks von der Art, wie es sich an Zinkteilen bei der Einwirkung von

---

[1] Für die Durchführung dieser Untersuchung sage ich dem Amtskollegen Dr. Schlosser besten Dank.

Feuchtigkeit durch Kondenswasserbildung in Hohlräumen, wenn die Luft nur in beschränktem Maße Zutritt hat, ausbildet.

Die Probe B dagegen entspricht in ihrer Zusammensetzung und ihrer Entstehungsweise durchaus einem im Verlaufe eines größeren Zeitraumes auf Zinkblech in atmosphärischer Luft gebildeten, sulfatreichen Überzug, der zwar selbst durch Angriff des Zinks entstanden, aber nur äußerst langsam an Dicke zunimmt, und somit einen gewissen Schutz gegen das Fortschreiten des Angriffs gewährt.

Beide Proben A und B stehen mit dem Vorgang, der zur Durchlöcherung des Rohrstückes geführt hat, in keinem ursächlichen Zusammenhang. Im übrigen besteht wohl kein Zweifel darüber, daß die Durchlöcherungen, ebenso wie die aus früher beschriebenen Fällen (vgl. Vedag-Buch 1936, 123 ff.) bekanntgewordenen, vom Angriff des Zinks durch ein vom Pappdach abgeflossenes Wasser herrühren.

Die erneuerten Zinkrinnen an dem Bremerhavener Güterschuppen konnten vor einem weiteren Angriff dadurch geschützt werden, daß man sie mit Mennige und grauer Ölfarbe anstrich; oder man dichtete die schadhaften Stellen der alten Rinnen mit Zinkblech bzw. aufgeklebtem Leinen und strich sie dann ganz mit Bitumen. Ein Bitumenanstrich schützt erfahrungsgemäß Zinkblechteile vor dem Angriff durch säurehaltiges Wasser; für die Innenseite von Regenabfallrohren läßt sich dieses Verfahren jedoch nicht verwenden.

Die Regenabfallrohre werden stets ohne einen Schutz der Innenwandungen an Gebäuden angebracht. Es ist deshalb nicht zu vermeiden, daß säurehaltiges Wasser, das aus den mit Schutzüberzug versehenen Rinnen in die Abfallrohre eintritt, dort seine aggressive Wirkung ausübt.

Ist zu einem früheren Zeitpunkt, etwa beim „Teeren" der frisch aufgelegten Dachpappe, etwas von der Anstrichmasse in die Rohre eingeflossen, die sich über einen Teil der Innenwandung ausbreitete, so erhielten die bedeckten Stellen dadurch unbeabsichtigt einen begrenzten Schutz, während an unbedeckt gebliebenen Flächenteilen der Angriff einsetzen konnte. Auf diesen oder einen ähnlichen Vorgang ist das Zustandekommen der Durchlöcherungen an dem vorliegenden Regenabfallrohrabschnitt zurückzuführen.

Der Schutzanstrich der Dachrinnen und die Erneuerung der Oberfläche des Pappdaches durch Bitumenanstrich reichen somit nicht aus, auch die Regenabfallrohre, soweit deren Innenwandung frei von eingeflossener Bitumen- oder Teermasse geblieben ist, vor dem Fortschreiten des Angriffs durch saures Wasser zu bewahren.

Ein schädlicher Einfluß von verstäubtem Seewasser, mit dem man in Küstengegenden rechnen könnte und der häufig als Ursache für die an Zinkteilen auftretenden Beschädigungen vermutet wird, hat jedenfalls am Zustandekommen der Regenabfallrohr-Zerstörungen keinen Anteil gehabt.

b) Schlußfolgerungen

Der Angriff der Zinkrinnen und Regenabfallrohre am Bremerhavener Güterschuppen ist durch das über die Pappdächer geflossene atmosphärische Wasser hervorgerufen, das aus den Oberflächenschichten der Dachpappen saure Stoffe aufgenommen hat.

Ob das Dach zur Zeit des Eintritts der Zinkzerstörungen mit Teerpappe abgedeckt und mit Teer gestrichen war, oder ob es einige Zeit später einen Bitumenanstrich erhalten hatte, geht aus den Angaben über die Vorgeschichte des in Frage kommenden Daches nicht hervor. Als sicher ist aus dem Ergebnis der chemischen Untersuchung der in das Abfallrohr geflossenen Anstrichmasse nur zu entnehmen, daß diese aus Steinkohlenteerpech besteht. Demnach hatte das Dach sehr wahrscheinlich anfänglich Teerbedachung und ist dann mit Teer gestrichen worden (von dem der in das Rohr eingeflossene Teil herstammt).

Was weiter mit dem Dach bis zum Auftreten der Zinkzerstörungen geschehen ist, läßt sich aus dem angegebenen Bericht nicht mehr erkennen. Berücksichtigt man hierbei noch, daß unter der Bezeichnung „Teeren" eines Pappdaches in manchen Kreisen sowohl der Anstrich mit heißem Steinkohlenteer, als auch der mit erhitztem Bitumen verstanden wird, so wird man nicht an der Möglichkeit zweifeln, daß das Dach ursprünglich mit Teerpappe gedeckt war, dann einen Teeranstrich erhielt und später mit Bitumen gestrichen worden ist. Nach diesem Bitumenanstrich erst konnten die Zinkbeschädigungen einsetzen.

Diese Reihenfolge muß zur Erklärung des Zinkangriffs angenommen werden, denn nach den bisher vorliegenden Erfahrungen bilden sich auf Teeroberflächen bei der Einwirkung von Licht, Luft und Feuchtigkeit keine merklichen Mengen saurer, das Zink angreifender Stoffe, wohl aber entstehen diese auf Bitumen, also auf den mit reinem Bitumen gestrichenen Dachpappen.

Der Angriff der Regenabfallrohre ist hiernach letzten Endes auf einen zur Konservierung der Dachpappen benutzten Bitumenanstrich zurückzuführen.

2. Durchlöcherung von Rinnen und Regenabfallrohren an einem Scheunendach in Ober-Thiemendorf bei Lauban

Die an dem Scheunendach vorhandenen Zinkrinnen und Regenabfallrohre waren von einem unbekannten Stoff angegriffen und durchlöchert worden.

Für das Zustandekommen dieser Zerstörungen lagen folgende Angaben vor:

Die etwa 60 m lange Scheune war im Jahre 1911 errichtet und mit Teerpappe abgedeckt worden. Bis zum Jahre 1931 hatten sich an den Zinkrinnen und Regenablaufrohren, auch am Dachbelag selbst keine Schäden gezeigt. Nachdem im Jahre 1931 das Dach mit neuem Anstrich versehen worden war, stellten sich nach Ablauf von etwa 2 weiteren Jahren schadhafte Stellen an den Ablaufrohren ein.

Der Anstrich des Daches war mit einer Anstrichmasse der Bezeichnung „Bisphalt" durchgeführt worden; diese bestand nach der vorgenommenen Untersuchung im wesentlichen aus einer neutralreagierenden Auflösung von Bitumen in flüchtigen Teerölen unter Beimischung von Mikroasbest.

Zunächst wurde dem entstandenen Schaden keine besondere Beachtung geschenkt; an den Ablaufrohren entstandene Löcher wurden durch Überlöten eines Zinkblechstreifens ausgebessert. Einige Zeit später traten jedoch an den Zinkrinnen und den Abfallrohren Beschädigungen gleicher Art in verstärktem Maße auf; die bereits vorhandenen Löcher vergrößerten sich, neue Löcher entstanden außerdem und zwar immer an Stellen, an denen das vom Dach abfließende Wasser mit ungeschütztem, nicht durch eingeflossenes Bitumen überdecktem Zinkblech in Berührung kam.

An einzelnen Stellen war außerdem die Dachhaut selbst undicht geworden, so daß Wasser in das Innere der

Scheune eindrang, das an dem darin gelagerten Gut erheblichen Schaden anrichtete.

Bild 5 zeigt die Flickstelle eines Regenabfallrohres und die spätere Ausdehnung der Zinkzerstörung über die Flickstelle hinaus.

Korrosionsdrodukte fanden sich an dem Rohrstück nicht vor; sie sind — jedenfalls in löslicher Form — von der angreifenden, durch das Rohr abgeleiteten Flüssigkeit fortgeführt worden.

Reaktion der abgeflossenen Bitumenmasse

In dem mitgesandten Rinnenabschnitt hatte sich in reichlicher Menge abgetropfte Bitumenmasse angesammelt; an Stellen, die von abgetropftem Bitumen nicht überdeckt worden waren, fanden sich mehrere Löcher im Zinkblech der Rinne.

Die Oberfläche des abgetropften Bitumens im Zustand der Einlieferung des Rinnenabschnittes reagierte gegen aufgelegtes, angefeuchtetes Lackmuspapier überall sauer. Wurde dagegen die matte Oberflächenschicht sorgfältig entfernt, so daß die schwarzglänzende Bitumenschicht zutage trat, so gab die reine Bitumenmasse neutrale Reaktion gegen Lackmus.

Bild 5. Regenabfallrohr Ober-Thiemendorf
Beschädigtes Kniestück mit Flickstelle

Nach diesem Befund hat somit die der atmosphärischen Luft und Feuchtigkeit ausgesetzt gewesene Bitumenmasse oberflächlich saure Reaktion angenommen.

Auch die Oberfläche von Dachpappestücken des Scheunendaches besaß gegen Lackmus saure Reaktion, ein Zeichen dafür, daß auf der mit „Bisphalt" gestrichenen Dachhaut durch Oxydation der obersten Schicht unter der Einwirkung von Licht, Luft und Feuchtigkeit sauer wirkende Stoffe entstehen, die beim Zusammentreffen mit metallischem Zink das Metall angreifen. Auf diese Weise erklären sich die an den Rinnen und Regenabfallrohren des Ober-Thiemendorfer Scheunendaches aufgetretenen Beschädigungen als die Wirkung der von der bituminierten Dachoberfläche abtropfenden sauren Flüssigkeit.

In der Zeit von 1911 bis 1931 hatten sich keine Beschädigungen an den Rinnen und den Regenabfallrohren gezeigt; die Scheune war mit Teerpappe gedeckt und erhielt erst im Jahre 1931 Bisphaltanstrich; wenige Jahre danach stellten sich Durchlöcherungen an den Zinkrinnen und Rohren ein. Daraus ist zu entnehmen, daß es die Bitumenoberflächen sind, die unter den atmosphärischen Einflüssen an die atmosphärische Feuchtigkeit saure Stoffe bilden und an Wasser abgeben; keine solchen sauren Zersetzungsprodukte bilden sich dagegen auf Teerpappen und Teeranstrichen, obwohl man von einer unvollkommen von Phenolen befreiten Teermasse eher die Abgabe sauer wirkender Stoffe an darüberfließendes Wasser erwarten könnte, als von den verschiedenen Bitumensorten.

Das Beispiel zeigt, daß das Konservieren älterer Dachpappen durch einen Anstrich mit Vorsicht geschehen muß und daß die Bitumenanstriche keineswegs so unschädlich sind, wie man lange Zeit geglaubt hat, annehmen zu können.

Wäre die ursprüngliche Teerpappe der Scheune regelmäßig alle 2 bis 3 Jahre mit einem frischen Teeranstrich versehen worden, so wäre die Pappe vermutlich noch lange Zeit geschmeidig geblieben; außerdem wären die Zinkteile vor der Zerstörung bewahrt geblieben.

Die Tatsache, daß wenige Jahre nach dem Bisphaltanstrich die Zinkzerstörungen einsetzen, weist darauf hin, daß die nach dem Bisphaltanstrich zurückbleibende Oberflächenschicht der Oxydation anheimfällt und saure Stoffe abgibt.

Hingegen dürfte das Brüchig- und Undichtwerden des Dachbelages nicht auf das verwendete Anstrichmittel (Bisphalt) zurückzuführen sein, als vielmehr auf die mechanische Beanspruchung des Dachbelages beim Aufbringen des Bisphaltanstriches. Die Teerpappe hat anscheinend in den Jahren 1911 bis 1931 keine regelmäßige Erneuerung des Teeranstriches erfahren, was zur Konservierung der Teerpappe bekanntlich alle 2 bis 3 Jahre hätte geschehen müssen.

3. Zerstörungen an Vorstoßblechen einer Wohnsiedlung in Frankfurt a. M.

An den Vorstoßblechen waren bereits kurze Zeit nach Fertigstellung der Siedlung Löcher entstanden, durch die Regenwasser in die darunter befindliche Holzverschalung und von da weiter an und in das Mauerwerk gelangte, wodurch erhebliche Schäden verursacht wurden.

Die Wohnhäuser trugen durchweg Flachdächer mit schwacher Neigung gegen Norden; die Dachbedeckung bestand aus Bitumenpappe, die mit einer Lage Bitumen bedeckt und mit einer Schicht aus grobem, etwas dunkelfarbigem Kiessand bestreut war. — Der tiefer gelegene Dachrand (gegen die Dachrinnen) war mit Zinkblechstreifen (Vorstoßblechen) eingefaßt, über die hinweg das Regenwasser in die Rinnen geführt wurde. In den Rinnen hatten sich reichliche Mengen losgelösten Kiessandes angesammelt. Zerstörungen an den Rinnen hatten sich nicht gezeigt, dagegen wiesen die Vorstoßbleche, über die infolge Sonnenbestrahlung erweichtes Bitumen stellenweise vorgedrungen war, längs des Bitumenrandes tiefe An-

Bild 6. Vorstoßblech Frankfurt a. M.
Im Zustand der Einlieferung

fressungen und zum Teil Löcher auf. In Bild 6 ist ein Blechabschnitt im Zustand der Abnahme vom Dach wiedergegeben; Bild 7 zeigt das gleiche Stück nach Ablösen des Kiessandes und des Bitumens. Die Einfressungen sind auf diesem Bild deutlich erkennbar.

Irgendwelche festen Ausscheidungen, die als beim Angriff des Zinks entstandene Korrosionsprodukte hätten angesprochen werden können, waren an den beschädigten Stellen der Abschnitte nicht vorhanden.

Dem Aussehen nach waren die Zinkanfressungen von der gleichen Art, wie die in den vorhergehenden Abschnitten behandelten Beschädigungen; noch weitergehende Ähnlichkeit liegt mit den in der bereits erwähnten Abhandlung im Vedag-Buch 1936, S. 123 beschriebenen Fällen vor.

Als Ursache der Beschädigungen muß auch hier die Entstehung saurer Stoffe auf der später aufgebrachten Bitumenschicht bezeichnet werden, die zur Befestigung des aufgestreuten groben Kiessandes dienen sollte.

Der Kiessand selbst war frei von Bestandteilen, die an der atmosphärischen Luft zur Entstehung saurer, Zink angreifender Stoffe hätten führen können.

4. Zusammenfassung

Dachpappen bedürfen bekanntlich zur Erhaltung ihrer Geschmeidigkeit und Wasserdichtigkeit von Zeit zu Zeit einer geeigneten Nachbehandlung, die eine Ergänzung der durch Verwitterung, Auslaugung, mechanische Abtragung der Oberflächenschicht verloren gegangenen Imprägnierungsmasse zum Ziele hat und die dem Aufbau der Dachpappe angepaßt sein muß.

Wird für diese Konservierung ein Anstrich mit heißem Bitumen oder einer Bitumenlösung in flüchtigem Kohlenwasserstoff verwendet, so ist damit zu rechnen, daß die am Dach angebrachten Zinkteile, wie Vorstoßbleche, Rinnen, Regenabfallrohre nach kurzer Zeit von Zerstörungserscheinungen befallen werden. Diese Schäden werden durch das über die Bitumenoberflächen abfließende

Bild 7. Vorstoßblech Frankfurt a. M.
Nach Entfernen der Kiessand- und Bitumenteile

Wasser hervorgerufen, das aus dem den Witterungseinflüssen ausgesetzten Bitumen saure Stoffe aufnimmt und eine das Zink angreifende Lösung ergibt.

Zur Vermeidung dieser Schäden müssen Anstriche vermieden werden, die nach dem Trocknen reine Bitumenoberflächen hinterlassen; besser eignen sich Anstriche mit Spezialdachlacken, die soweit mit mineralischen Zusatzstoffen vermischt sind, daß sie unter der Einwirkung der freien Atmosphäre keine sauren Oxydationsprodukte mehr zu bilden vermögen.

Berlin-Dahlem, 6. Dezember 1940.

EINIGE ZERSTÖRUNGSERSCHEINUNGEN AN ALUMINIUM, EISEN UND ZINK IN MAUERWERK

Von Gerhard Schikorr

A. Einleitung

Dem Staatlichen Materialprüfungsamt Berlin-Dahlem werden häufig metallische Gegenstände eingesandt, die sich in oder an Mauerwerk befunden hatten und starke Zerstörungserscheinungen aufweisen. In den meisten Fällen können sich die betreffenden Bauherren oder Hauseigentümer kein Bild über die Ursachen der Zerstörung machen und nehmen an, daß es sich entweder um fehlerhafte Metalle oder um angreifende Bestandteile in dem Mauerwerk handelt. Die Untersuchung dieser Werkstoffe ergibt jedoch nur selten Werkstoffehler. Vielmehr liegen fast immer Umstände vor, die durchaus normale Korrosionserscheinungen in starkem Maße begünstigen.

Diese Erscheinungen können von zweierlei Art sein. Bei der einen Art enthält das Mauerwerk auch im einwandfreien Zustande Stoffe, die Metalle stark angreifen können. Einige Beispiele hierfür seien kurz angeführt.

Aluminium wird von alkalischem Mauerwerk wie Zement-Mörtel und besonders Kalk-Mörtel angegriffen[1].

Da Aluminium an sich sehr unedel und die auf ihm befindliche veredelnde Oxydhaut in Lösungen starker Basen löslich ist, kann diese Korrosion unter Wasserstoffentwicklung auch bei Sauerstoffabwesenheit vonstatten gehen.

Blei kann von feuchtem Kalk- und Zement-Mörtel ebenfalls stark angegriffen werden[2] und zwar — ähnlich wie Aluminium — infolge der Neigung seines Oxyds, gegen starke Basen als Säure zu wirken; bei Blei geht jedoch wegen seiner größeren Edelkeit der Angriff nur bei Sauerstoffgegenwart vonstatten. Die Behauptung, daß Blei hierbei Mennige bilde, ist nicht erwiesen, vielmehr handelt es sich bei den entstehenden roten und gelben Korrosionsprodukten wohl fast immer um Bleioxyd. Bild 1 zeigt ein zerstörtes Abflußrohr aus Blei, das 3 Jahre in feuchtem Kalkmörtel gelegen hatte.

Eisen erleidet in chloridhaltigem Mauerwerk häufig einen sehr starken Angriff[3]. Als besonders schädlich hat

---

[1] Vgl. z. B. L. Tronstad und R. Veimo: Aluminium 21 (1939), S. 839.

[2] Vgl. z. B. O. Bauer und G. Schikorr: Metallwirtschaft 14 (1935), S. 463.

[3] Vgl. E. Deiß: Wiss. Abh. dtsch. Mat.-Prüf.-Anst. I. Folge, Heft 1 (1938), S. 97.

sich feuchtes Magnesiumoxychlorid (Steinholz, Sorelzement, Holzkorkestrich) erwiesen. Bild 2 zeigt ein Stück eines Dampfheizungsrohres, daß sich in derartigem Mauerwerk befunden hatte und nach 5 jährigem Betrieb vollständig in Rost übergegangen war; der Rost hatte die alte Rohrform, wenn auch mit stark aufgeblähter Wandung.

Zink wird unter bestimmten Feuchtigkeitsverhältnissen von Gips sehr stark angegriffen[4].

Bild 1. Bleirohr nach 3 Jahren in feuchtem Kalkmörtel

Sowohl das Chlorid in Steinholz als auch das Sulfat im Gips wirken wahrscheinlich dadurch korrosionsbegünstigend, daß sie die Bildung löslicher Korrosionsprodukte ermöglichen. Der eigentliche Urheber der Korrosion ist in beiden Fällen Luft-Sauerstoff.

Bild 2. Heizungsrohr nach 5 Jahren in feuchtem Steinholz

Bei der zweiten Art der Korrosionserscheinungen wirkt das Mauerwerk nur dadurch, daß es günstige Bedingungen für die Einwirkung von Feuchtigkeit und Sauerstoff auf Metalle schafft, ohne daß die Bestandteile des Mauerwerks unmittelbar dabei eine Rolle spielen. Derartige Korrosionsfälle sind bisher nur verhältnismäßig wenig beachtet worden. Weiter unten werden einige genannt werden.

Wie schon angedeutet, ist in den meisten Fällen der Urheber der Korrosion der Sauerstoff der Luft. Bei Abwesenheit der Feuchtigkeit kommt dieser Angriff praktisch sofort zum Stillstand, indem sich eine Schutzschicht von Korrosionsprodukten bildet. Bei Gegenwart von flüssigem Wasser können die Korrosionsprodukte ausreichend löslich sein, so daß die Schutzschichtwirkung nicht zustande kommt. Ist jedoch zuviel Flüssigkeit vorhanden, so daß das betreffende Mauerwerk gewissermaßen

[4] Vgl. z. B. O. Bauer und G. Schikorr: Z. Metallkde. 26 (1934) S. 73.

mit Wasser gesättigt ist, so wird dem Luftsauerstoff der Zutritt zu dem Metall verwehrt, und die Korrosion ist nur gering. Starke Korrosion wird also nur dann möglich, wenn sowohl Luft als auch Wasser guten Zutritt zu dem Metall haben. Durch diese einfache Abhängigkeit erklären sich manche Korrosionserscheinungen, die im ersten Augenblick schwer verständlich sind.

Eine schädliche Wirkung der Kohlensäure der Luft wurde bisher nirgends eindeutig festgestellt. Im Gegenteil hat die Gegenwart von Kohlensäure häufig die Bildung von Schutzschichten aus den betreffenden basischen Karbonaten zur Folge, die der Korrosion entgegenwirken.

In den folgenden Abschnitten werden einige weitere Fälle von Korrosionen durch Mauerwerk beschrieben, deren häufige Bearbeitung im Amt darauf hinweist, daß ihre Ursachen nur verhältnismäßig wenig in der Praxis bekannt sind.

B. Aluminium

Abgesehen von der oben bereits genannten Korrosion des Aluminiums in alkalischem Mörtel, die offenbar weitgehend bekannt ist und daher im allgemeinen vermieden wird, kann Mauerwerk dann schädlich auf Aluminium wirken, wenn es Chloride enthält. Besonders oft wird hier die Korrosion von Rohrdrähten beobachtet, deren Mäntel aus Aluminium-plattiertem Stahl („Ferran") bestehen. Derartige Rohrdrähte haben sich im Innern von Räumen in den meisten Fällen ausgezeichnet bewährt. Mitunter tritt jedoch schon nach kurzer Zeit eine starke Korrosion des Mantels ein, bei der die Aluminiumplattierung weitgehend zerstört wird und das darunter liegende Eisen starke Rosterscheinungen zeigt. Ein solcher Rohrdraht ist in Bild 3 wiedergegeben. In allen Fällen, die das Amt zu beurteilen hatte, wiesen die an dem Rohrdraht befindlichen Korrosionsprodukte und Mauerwerk-Reste einen beträchtlichen Gehalt an Chlorid auf. Dieser Chloridgehalt war immer darauf zurückzuführen, daß dem Mauerwerk zur Ermöglichung des Bauens bei Frost ein Frostschutzmittel (Magnesium- oder Kalziumchlorid) zugesetzt war. Chloride können aber, wie oben gesagt wurde, die Korrosion der Metalle stark begünstigen.

C. Eisen

Der wohl häufigste Angriff auf Eisen durch Mauerwerk ist der oben schon genannte bei Gegenwart von Chloriden. Mehrfach wurden dem Amt aber auch eiserne Rohre eingesandt, die einen starken Außenangriff aufwiesen, ohne daß sich in dem anhaftenden Mauerwerk Chloride nachweisen ließen. In den meisten dieser Fälle handelte es sich

Bild 3. Rohrdraht mit Mantel aus Aluminium-plattiertem Stahl, der auf Mauerwerk verlegt war, das ein chloridhaltiges Frostschutzmittel enthielt

um Rohre, die in Gips verlegt gewesen waren. Bild 4 zeigt einen Abschnitt eines derartigen Rohres, bei dem die Anfressungen bereits zu einer Durchlöcherung der Rohrwand geführt haben.

Im allgemeinen findet man in Gips stark angefressene Rohre hinter Kachelwänden (z. B. in Bade- und Duschräumen).

Die Erklärung der Korrosion ist sehr einfach und liegt

im wesentlichen darin, daß in den betreffenden Fällen das Mauerwerk, bevor es genügend ausgetrocknet war, durch die Kachelwand abgeschlossen wurde, was ein nachträgliches Entweichen des Wassers verhinderte und dadurch ein ständiges Weiterrosten des Eisens ermöglichte.

Bild 4. Wasserrohr nach 4 Jahren in feuchtem Gips.

Die Korrosion von Eisen in Gips wurde unmittelbar im Laboratoriumsversuch verfolgt. Die Versuchsanordnung war dabei die gleiche, wie bei O. Bauer und G. Schikorr (a. a. O.) für den stärksten Angriff von Gips auf Zink beschrieben ist. Die Gewichtsverluste je zweier Eisenproben von der Größe $45 \times 30 \times 4$ mm³ waren dabei

nach ½ Jahr . . . 0,860 und 0,840 g
,, 2 Jahren . . 3,32 und 3,57 g.

Dieser Angriff entspricht einer durchschnittlichen Abtragung von etwa 0,15 mm je Jahr. Da der Angriff sehr ungleichmäßig ist, kann man ermessen, wie starke Zerstörungserscheinungen beim Angriff von feuchtem Gips auf Stahl im Laufe der Jahre auftreten können, besonders wenn sich gleichzeitig Warmwasserrohre in der betreffenden Wand befinden, die die Temperatur des Mauerwerks und damit die Rostgeschwindigkeit erhöhen. Wenn auch anzunehmen ist, daß der Gips bei der genannten Zerstörung mitwirkt (indem er die Entstehung löslicher Korrosionsprodukte ermöglicht), ist er doch für den Angriff nicht erforderlich. Vielmehr kann auch bei Mauerwerk, das keine löslichen Bestandteile enthält, ein beträchtlicher Angriff auf Eisen entstehen, wenn Feuchtigkeits- und Luftzutritt ihn begünstigen. Derartige Verhältnisse scheinen besonders bei wärmeisolierten Rohren vorzuliegen, wenn in die Isolierung, die z. B. aus Asbest, Glaswolle, Schlackenwolle, Papier bestehen kann, Feuchtigkeit eindringt. Jedenfalls findet man auch häufig bei diesen starke Anfressungen.

D. Zink

Der oben genannte Angriff von Gips auf Zink ist offenbar so bekannt, daß nur selten Zink mit Gips in Bauwerken in Berührung gebracht wird. Durch Gips zerstörte Zinkgegenstände sind jedenfalls dem Amt in der letzten Zeit nicht eingesandt worden.

Hingegen wird nur sehr wenig beachtet, daß Kohlensäure-armes destilliertes Wasser bei Luftgegenwart Zink sehr stark angreifen kann[5]. Hierzu ist es allerdings erforderlich, daß das Zink nicht völlig frei der Luft ausgesetzt ist, da sonst wegen des Zutritts ausreichender Mengen Kohlensäure Schutzschichten aus basischem Zinkkarbonat (möglicherweise auch basischem Zinksulfat[6]) entstehen können, die die Korrosion des Zinks durch das destillierte Wasser weitgehend verhindern können. Dementsprechend sind Zinkdächer im allgemeinen 30 Jahre und mehr beständig. Sehr leicht angegriffen hingegen werden Zinkdächer, wenn Wasser von unten an das Blech gelangt, ohne daß die Luft an den betreffenden Stellen rasch erneuert wird. So wurde z. B. dem Amt eine Zinkrinne eingereicht, die von der Unterseite stark zerstört war. Die Zinkrinne hatte in einer Holzrinne gelegen und war zum Schutz gegen diese mit Zeitungspapier „isoliert". In der Tat hatte jedoch das Zeitungspapier genau die gegenteilige Wirkung gehabt, und zwar war Regenwasser durch eine Undichtigkeit des Daches zwischen Zink und Holz gelangt und von dem Papier aufgesaugt worden, ohne daß die Möglichkeit einer ausreichenden Verdunstung bestand. Es lagen also ideale Verhältnisse für den Angriff des Regenwassers auf das Zink vor[7].

In einem anderen Fall starker Korrosion eines Zinkdaches sollten gewisse Unebenheiten eines Daches vor der Eindeckung ausgeglichen werden. Als Füllmaterial wurde Sand verwendet. Unglücklicherweise regnete es während der Eindeckung stark, so daß sehr feuchter Sand unter dem Zinkblech eingeschlossen wurde. Im Laufe einiger Jahre war das Zinkblech völlig zerstört.

Der häufigste Fall vorzeitiger Zerstörung von Dächern aus Zinkblech tritt ein, wenn mit dem Zinkblech Beton eingedeckt wird, der noch nicht völlig ausgetrocknet ist. In diesem Fall kann die in dem Beton enthaltene Feuchtigkeit nicht entweichen und sammelt sich unter dem Zinkblech an. Die Alkalität des Betons hat zur Folge, daß das entstehende „Schwitzwasser" völlig kohlensäurefrei ist, wodurch die Bildung schützender Schichten aus basischem Zinkkarbonat verhindert wird. Mitunter geht der Angriff hierbei so rasch vonstatten, daß das Zinkblech durchlöchert ist, bevor das betreffende Gebäude in Benutzung genommen wird. Ein Stück Zinkblech aus einem Dach, daß nach etwa 2 Jahren zerstört war, zeigt Bild 5. Die an der Unterseite des Bleches befindlichen weißen bis grauen Korrosionsprodukte bestehen aus fast reinem Zinkoxyd bzw. Hydroxyd. In einem Fall wurden in ihnen z. B. gefunden: 94,3% Zinkoxyd, 5,5% Hydratwasser, Spuren Chlorid und Sulfat. Kohlensäure war nicht nachweisbar. Im Laboratorium läßt sich der sehr starke Angriff von destilliertem Wasser auf Zink unmittelbar beobachten. Ein Versuch, der die Verhältnisse besonders deutlich zeigt, sei näher beschrieben:

Verwendet wurden entfettete und gewogene Zinkplättchen von der Größe $45 \times 30 \times 0,3$ mm³ aus Elektrolytzink[8]. Die Proben wurden in Filtrierpapier eingewickelt, so daß sich auf jeder Seite des Zinks 6 Lagen Filtrierpapier befanden. Das Filtrierpapier war so groß, daß am unteren Ende der Proben eine etwa 5 cm lange Fahne von ebenfalls je 6 Lagen Filtrierpapier überstand. An der Oberkante war das Filtrierpapier umgeschlagen, so daß eine nur geringe Luftumwälzung zwischen Filtrierpapier und Zinkproben stattfinden konnte. Die Proben wurden durch Eintauchen in destilliertes Wasser befeuchtet und in je ein 800 cm³-Einkochglas gehängt; auf seinem Boden befanden

---

[5] O. Bauer und G. Schikorr: Z. Metallkde. **26** (1934) S. 73.
[6] E. Deiß: Wiss. Abh. Mat.-Prüf.-Anst. II. Folge, Heft 2, S. 31.
[7] Über die chemische Zusammensetzung der Korrosionsprodukte und deren Auswertung wird E. Deiß an anderer Stelle berichten.
Zu der für den Angriff notwendigen Luftmenge ist noch zu bemerken, daß sie keineswegs so groß sein muß, wie häufig angenommen wird. Ein Liter Luft kann etwa 1 g Zink oxydieren, und wenn auch in den meisten Fällen starken Zinkangriffs wenig Luft unmittelbar zugegen ist, so ist der Abschluß gegen die Außenluft selten so groß, daß eine merkliche Sauerstoff-Verarmung der Luft an der Innenseite des korrodierenden Zinkbleches stattfinden.
[8] Gehalt an Fremdbestandteilen: 0,039% Pb; 0,002% Cu; 0,003% Cd; 0,002% Fe.

sich 100 cm³ destilliertes Wasser, in das die Proben mit der an ihnen befindlichen Filtrierpapierfahne eintauchten. Die Gläser wurden auf die übliche Weise mit Kautschukring und Stahlbügel geschlossen. Auf diese Weise war gewährleistet, daß dauernd sehr feuchtes Filtrierpapier auf das Zink einwirkte. Von 6 derartigen Proben wurden je 2 nach drei verschiedenen Versuchszeiten auf eingetretene Korrosion untersucht. Die Proben erwiesen sich mit steigender Versuchsdauer als immer stärker angegriffen. Eine Probe von 92 Tagen Versuchsdauer ist (nach Entfernung der Korrosionsprodukte mit konzentrierter Ammonazetatlösung) in Bild 6 wiedergegeben. Wie Bild 6 zeigt, ist die Probe sehr stark angegriffen und an vielen Stellen bereits durchlöchert. Da die Probe 0,3 mm dick war, ergibt sich hieraus eine örtliche Korrosionsgeschwindigkeit von mehr als 1,2 mm/Jahr.

Die gefundenen Gewichtsabnahmen der Proben waren

nach 2 Tagen . . .   7 und   6 mg
 ,, 14   ,,   . . . 25 ,, 28 ,,
 ,, 92   ,,   . . . 687 ,, 649 ,,

Bild 5. Unterseite eines Zinkbleches, das zur Eindeckung von nicht ausgetrocknetem Beton verwendet worden war

Wenn diese Werte auch keine genauen Schlüsse über die Veränderung der Korrosionsgeschwindigkeit mit der Zeit zulassen, so ergibt sich aus ihnen doch, daß die Korrosion mit einer mittleren Geschwindigkeit von mehr als 26 g/m² je Tag fortschreitet. Die Geschwindigkeit ist sehr hoch und genügt völlig zur Erklärung der genannten raschen Zerstörung von Zinkdächern.

E. Zusammenfassung

Im Vorstehenden werden Metall-Zerstörungen durch Mauerwerk näher beschrieben: Besonders zu beachten ist:

Bild 6. Von kohlensäurearmem destilliertem Wasser zerstörte Zinkprobe (Versuchsdauer 92 Tage)
[1] V = lin. Vergrößerung.

1. Rohrdrähte, deren Mäntel aus Aluminium-plattiertem Stahl bestehen, können von Mauerwerk, das mit chloridhaltigen Frostschutzmitteln hergestellt wurde, stark angegriffen werden.

2. Eisen kann in feuchtem Mauerwerk, besonders wenn dieses Gips enthält, so rasch rosten, daß eiserne Wasserleitungsrohre im Laufe weniger Jahre durchlöchert werden.

3. Zink ist besonders stark dem Angriff durch kohlensäurearmes destilliertes Wasser (Schwitzwasser) ausgesetzt. Dieser Angriff kann zur Folge haben, daß Zinkdächer z. B. bei Verlegung auf nicht ausgetrockneten Beton bereits nach 1 Jahr zerstört sind.

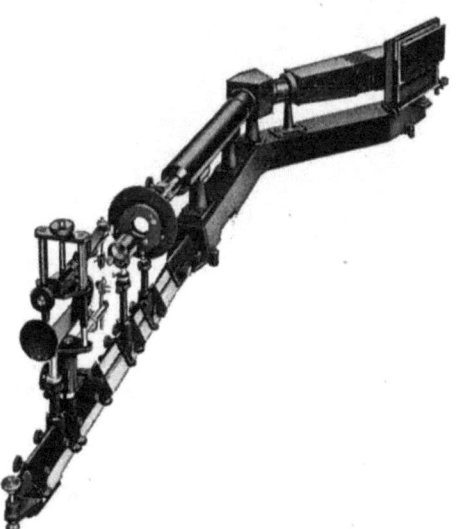

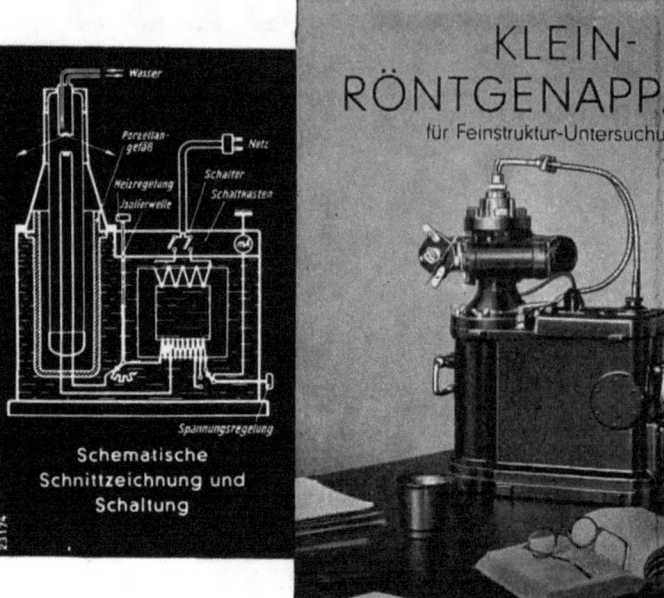

Wir suchen zur Verwertung

Neuheiten und Erfindungen

von kleinen Maschinen, Werkzeugen,
Meß- und Prüfgeräten
oder ähnlichen Erzeugnissen

Gefl. Angebote an

IBA-Industriebedarf K.-G.
BERLIN NW 87, Waldstraße 231

Korrosionen an Eisen und Nichteisenmetallen

Betriebserfahrungen in
elektrischen Kraftwerken und auf Schiffen

Von

August Siegel, VDI

Oberingenieur i. R. der AEG-Turbinenfabrik
Berlin

Mit 112 Abbildungen auf 22 Tafeln
V, 86 Seiten. 1938. RM 19.50

SPRINGER-VERLAG IN BERLIN

Unsere hydraulischen Akkumulatoren
mit Druckluftbelastung und hydropneumatischer Steuerung haben sich, bis zu den größten Leistungen ausgeführt, zum Antrieb hydraulischer Pressen hervorragend bewährt.

Das uhrwerksmäßige Arbeiten der hydropneumatischen Steuerung wird durch das Diagramm illustriert: Die Ausschaltpunkte der Pumpe liegen in einer geraden Linie, also bei absolut gleicher Druckhöhe. Darin zeigt sich die unbedingte Betriebssicherheit unserer Anlagen.

Lassen Sie sich in allen Fragen der Hydraulik durch unsere Fachingenieure beraten.

Werner & Pfleiderer
STUTTGART-FEUERBACH

Für den Textteil verantwortlich: Prof. Dr. Böttger, Berlin-Dahlem; für den Anzeigenteil: Albert Meyer in Berlin Steglitz, Kühlebornweg 5.
— Pl. 5. — Springer-Verlag in Berlin W 9.

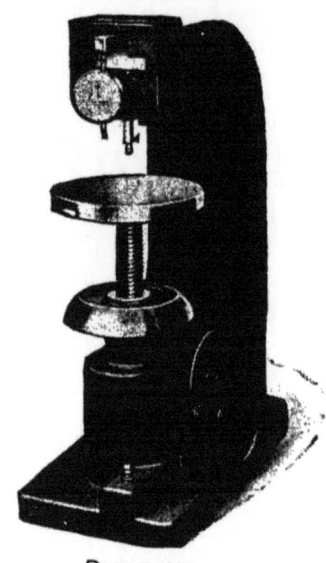

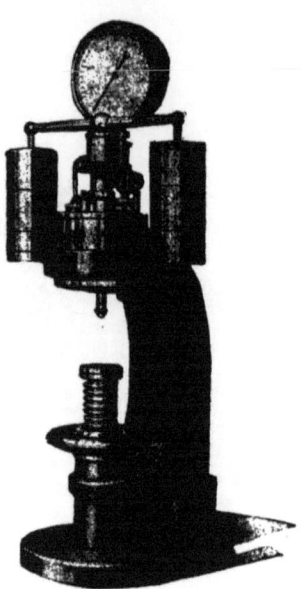

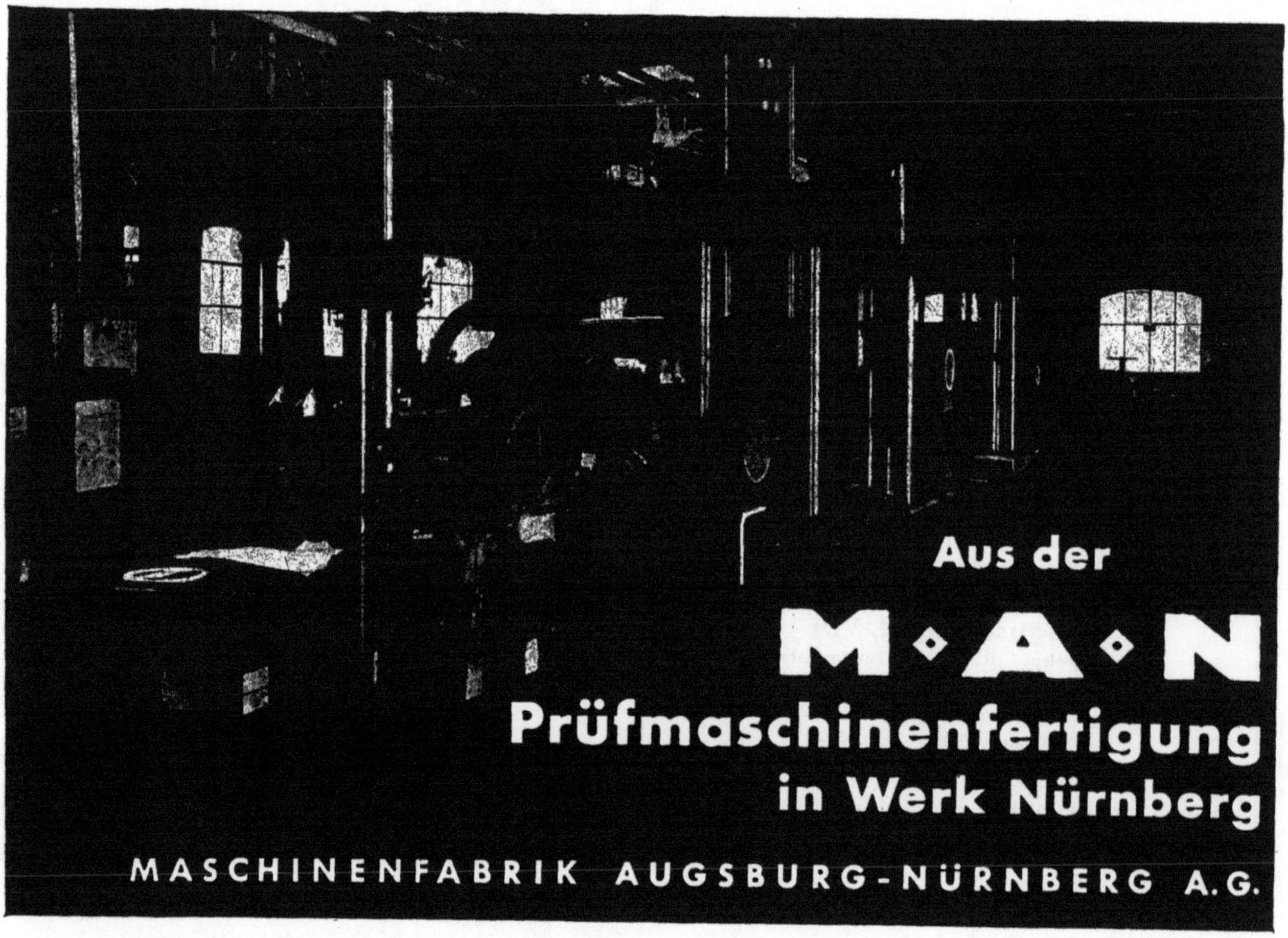

MIX
Papier aus verantwortungsvollen Quellen
Paper from responsible sources
FSC® C105338

If you have any concerns about our products,
you can contact us on
ProductSafety@springernature.com

In case Publisher is established outside the EU,
the EU authorized representative is:
Springer Nature Customer Service Center GmbH
Europaplatz 3, 69115 Heidelberg, Germany

Printed by Libri Plureos GmbH
in Hamburg, Germany